EDILIVRE

Christel BRINGUIER

Vaincre ses addictions par la sophrologie

Méthode facile pour tous les jours

Edilivre – Éditions APARIS

ISBN : 978-2-8121-0145-8
Dépôt légal : Août 2008

Tables des matières

Introduction

Conte Hindou

« Une vieille légende Hindoue raconte qu'il y eut un temps où tous les hommes étaient des Dieux. Mais ils abusèrent tellement de leur divinité que Brahma, le maître des Dieux, décida de leur ôter le pouvoir divin et de le cacher à un endroit où il leur serait impossible de le retrouver. Le grand problème fut donc de lui trouver une bonne cachette.

Lorsque les Dieux mineurs furent convoqués à un conseil pour résoudre cette énigme, ils proposèrent :
« Enterrons la divinité de l'homme dans la terre. »

Mais Brahma répondit :
« Non, cela ne suffit pas, car l'homme creusera et la trouvera. »

Alors les Dieux proposèrent encore « le plus profond des océans. »

Mais Brahma répondit à nouveau :

« Non, car tôt ou tard, l'homme explorera les profondeurs de tous les océans et il est certain qu'un jour, il le retrouvera et la remontera à la surface.»
Les Dieux conclurent :

« Nous ne savons pas où la cacher car il ne semble pas exister sur terre ou dans la mer d'endroit que l'homme ne puisse atteindre un jour. »

Alors Brahma dit :

« Voici ce que nous ferons de la divinité de l'homme… nous la cacherons au plus profond de lui-même, car c'est le seul endroit où il ne pensera jamais à chercher.»

Depuis ce temps-là, conclut la légende, l'homme a fait le tour de la terre, il a exploré, escaladé, plongé et creusé, à la recherche de quelque chose qui se trouve en LUI. »

1. Qu'est-ce la dépendance et l'addiction ?

A) Definition de la dependance et de l'addiction

La dépendance

Assujettissement à une drogue qui se manifeste par le besoin irrépressible de ce produit et qui peut entraîner des changements de comportement.

L'usage de drogues provoque une dépendance psychique : la drogue est associée par le cerveau à un moyen d'accès vers un état de satisfaction intense. Certaines drogues (héroïne, opium…) développent en parallèle une dépendance physique. L'organisme intoxiqué réagit alors au manque de drogue par des tremblements, sueurs, nausées, convulsions…

L'addiction

État de besoin vis-à-vis d'une drogue ou d'une pratique (jeux, achats compulsifs…) qui marginalise l'individu et le met en souffrance.

L'addiction se rapproche de la dépendance, mais elle s'étend à d'autres domaines que l'usage de drogue. Elle provoque un manque, un besoin vis-à-vis d'une activité ou d'une substance. Les personnes ayant un comportement addictif agissent par besoin et voient dans ce comportement un moyen de se sentir mieux. L'usage addictif est mal accepté par la société et marginalise l'individu.

À ne pas confondre avec « Le circuit de récompense »

Partie du système nerveux central qui relie certains groupes de neurones à l'origine de fortes sensations de plaisir et de satisfaction.

Pour qu'une espèce assure sa survie, il faut qu'elle assure ses fonctions vitales (se nourrir, se défendre, se reproduire…). Au cours de l'évolution, un circuit qui récompense l'exécution de ces fonctions vitales par une sensation agréable s'est mis en place dans notre cerveau. Son rôle s'est ensuite élargi pour nous inciter à répéter les expériences plaisantes apprises au cours de la vie.

On distingue trois phases dans le fonctionnement de notre circuit de récompense. D'abord, en réponse à un stimulus sensoriel (toucher, vue, faim, soif…), notre cerveau nous pousse à l'action pour satisfaire un besoin ou un désir : c'est la faim qui nous pousse à manger quand notre taux de glucose diminue dans le sang. En deuxième lieu, cette action est récompensée par une sensation de plaisir. C'est l'action surtout qui est récompensée et pas seulement le fait de satisfaire le besoin. Enfin, un sentiment de satisfaction vient mettre un terme à l'action, jusqu'à ce qu'un nouveau signal vienne encore déclencher un désir. Les comportements utiles à notre survie sont donc sous contrôle du circuit désir – action – satisfaction, système de neurones particuliers de notre cerveau.

B) INTERVENANTS DANS LA DEPENDANCE ET L'ADDICTION

La dopamine

Neurotransmetteur impliqué dans le désir, le plaisir, le mouvement. Son déficit dans certaines régions du cerveau provoque la maladie de Parkinson.

La dopamine est une petite molécule assurant la communication entre les cellules du cerveau (les neurones). Elle intervient dans le désir et la sensation de plaisir. Elle est aussi impliquée dans des maladies graves comme la maladie de Parkinson, qui perturbe les mouvements, et la schizophrénie, une maladie mentale.

La dopamine est un neurotransmetteur que l'organisme fabrique à partir d'un acide aminé fourni par l'alimentation : la tyrosine. Les neurones contenant de la dopamine sont situés en plusieurs endroits du cerveau : l'hypothalamus, la substance noire, le cortex cérébral et le système limbique. La dopamine intervient dans les circuits neuronaux de l'appétence et du plaisir et donc dans leurs dérèglements, par exemple dans les comportements d'addiction (dépendance aux drogues) et peut-être dans la dépression. La dopamine est impliquée dans la schizophrénie, une forme de démence touchant des personnes jeunes. Enfin, la dopamine des neurones de la substance noire régule les mouvements : la mort de ces neurones provoque les tremblements caractéristiques de la maladie de Parkinson.

Conséquences physiques de la dépendance et de l'addiction

La neurotoxicité

Caractère des substances pouvant provoquer des dommages durables sur le système nerveux ou sur son fonctionnement.

La neurotoxicité est le caractère des substances qui, après pénétration dans notre corps par voie respiratoire, orale ou sous-cutanée, affectent les cellules nerveuses avec lesquelles elles entrent en contact. Si nombre de substances – plomb, styrène, pesticides – peuvent endommager le système nerveux, les drogues, elles, bouleversent l'activité des neurones responsables du plaisir.

Le mode d'action d'une substance neurotoxique est de perturber l'influx nerveux en agissant notamment sur les émetteurs ou les récepteurs des neurotransmetteurs. Certaines drogues peuvent dès la première prise modifier ces récepteurs, ainsi que les connexions entre cellules nerveuses (phénomène de tolérance). Elles peuvent même détruire certains neurones comme le fait l'ecstasy, reconnu aujourd'hui comme très toxique. Le cannabis est susceptible d'agir sur diverses zones du cerveau contrôlant les émotions, la mémoire… La neurotoxicité du cannabis est encore discutée par les scientifiques. Ses effets à long terme semblent être l'altération de la mémoire et l'aggravation de certaines maladies mentales : psychoses, délires. Pour certains, le cannabis déclencherait même ces maladies.

Conséquences morales de la dépendance :

La substance psychoactive

Substance naturelle ou synthétique qui agit sur le système nerveux central en modifiant le fonctionnement psychique.

Une substance psychoactive est une substance naturelle ou synthétique qui agit sur le psychisme en modifiant son fonctionnement. Elle peut entraîner des changements dans les perceptions, l'humeur, la conscience, le comportement... Toutes les drogues, le cannabis par exemple, et certains médicaments comme les somnifères et les anxiolytiques (contre l'angoisse) sont psychoactifs.

Les substances psychoactives peuvent se classer selon leur structure chimique, leur mécanisme d'action, leur usage, récréatif ou médical, ou leurs effets pharmacologiques. Ceux qui entraînent une dépendance augmentent le taux de dopamine au niveau du circuit de récompense. Cette augmentation peut être provoquée de différentes façons : par exemple, le THC (produit actif du cannabis) participe à une plus grande libération de la dopamine – en bloquant les neurones qui régulent la production de ce neurotransmetteur, tandis que la cocaïne empêche la dopamine de quitter le circuit de récompense. Selon leur mode d'action, les substances psychoactives agissent spécifiquement sur différentes aires du cerveau.

L'injonction thérapeutique

Obligation pénale, pour l'usager de drogue interpellé, de suivre une cure de désintoxication ou de se placer sous surveillance médicale.

L'usage de stupéfiants est à la fois une infraction à la loi et un problème de santé publique. C'est pourquoi la loi prévoit un traitement judiciaire et sanitaire de l'usager interpellé. Les soins thérapeutiques sont dispensés par des médecins ou des psychiatres et peuvent prendre plusieurs formes : aide sociale, accompagnement psychologique, traitements médicamenteux…

Solution

Le sevrage

Arrêt de la prise de drogue ou de médicament agissant sur le cerveau, de manière brutale ou progressive chez un individu dépendant.

Le sevrage est l'arrêt, brutal ou progressif, chez un individu dépendant, de substances psychoactives (drogues, certains médicaments). Il a pour objectif de libérer l'organisme du besoin de la substance. Il entraîne souvent un état de manque qui se traduit par des symptômes physiologiques (accélération du pouls, de la fréquence respiratoire…) : c'est le syndrome de sevrage.

La consommation répétée d'une substance psychoactive perturbe particulièrement le fonctionnement du circuit de récompense. Le cerveau s'adapte à cet apport extérieur en modifiant certains de ses systèmes de neurotransmission. Lorsque cesse l'apport, l'organisme met du temps à rétablir l'équilibre de ses neurotransmetteurs et de son métabolisme : c'est la période de sevrage, accompagnée, chez l'individu dépendant, de nombreux symptômes – angoisse, anxiété – souvent opposés à ceux observés lors de la prise du produit. On parle surtout de sevrage pour les drogues à forte dépendance (alcool ou héroïne, par exemple), moins dans le cas du cannabis. Ce sevrage peut être entrepris soit de façon volontaire, soit par injonction thérapeutique.

Le sevrage par la Sophrologie

– aider la personne à reconnaître sa maladie,

– l'aider à l'accepter,

– l'aider à acquérir des mécanismes d'adaptation appropriés,

– éliminer de façon définitive la dépendance ou l'addcition.

– améliorer le concept de soi, la confiance en soi.

Accepter une cure c'est accepter de se soigner, accepter de reconnaître ses troubles.

Des cures à répétition ne sont pas synonymes d'échec.

Personnes déjà sevrées

Soutien fondamental dans la prise en charge psychologique :

– renforce et maintien l'abstinence,

– aide la personne à gérer les situations à risques,

– apporter aide et un soutien,

– essayer d'amener le patient à exprimer son mieux être ainsi que l'équilibre qu'il a pu trouver grâce à cette nouvelle vie.

2. Qu'est-ce que la sophrologie Caycédienne® ?

– Présentation d'Alfonso Caycedo et de la sophrologie.

– Pourquoi la sophrologie dans la dépendance et l'addiction ?

A) Presentation d'Alfonso Caycedo et de la sophrologie.

Le professeur Alfonso Caycedo, spécialiste en neurologie et en psychiatrie, professeur agrégé de psychiatrie de la faculté de médecine de Madrid, est né le 19 novembre 1932 à Bogota en Colombie.

Dans le cadre de son travail, le professeur Alfonso Caycedo a du faire face à la pratique de procédé thérapeutique inhumain (comas insuliniques, électrochocs, lobotomies). Cela a provoqué en lui un besoin de se tourner vers d'autre méthode. Il se dirige donc vers l'hypnose clinique.

En 1959, il fonde la « Société Espagnole d'Hypnose Clinique et Expérimentale » à Madrid. Mais très vite il se rend compte que ses observations cliniques ne concordent pas avec ses théories. De plus l'hypnose, encore mal connu, soulève de la méfiance.

C'est donc tout naturellement qu'il créer le terme de sophrologie en 1960 du grec, « sos » : intact, sain, harmonique, « phren » : esprit, « logos » : étude, pour désigner une discipline qui étudie la conscience et les valeurs de l'existence de l'être. Il fonde la même année le premier département de Sophrologie Clinique à Madrid dans le service de neuropsychiatrie du professeur Lopez Ibor.

Il a créé également le terme Sophrologie Caycédienne® en 1992 pour nommer une méthode d'entraînement vivantielle de l'être qui reçoit le nom de Méthode Alfonso Caycedo® ou Méthode Isocay® et qui s'emploie en médecine et en prophylaxie sociale ainsi qu'en développement personnel.

De 1963 à 1964 Alfonso Caycedo fait la rencontre, en Suisse, du père de la psychiatrie phénoménologique[1], Ludwig Binswanger. Il est alors admis comme médecin neuropsychiatre au Sanatorium Belleve à Kreuzlingen et devient ainsi le dernier élève de Ludwig Binswanger. Ce dernier va influer indéféctiblement Alfonso Caycedo dans sa quête de recherche sur la conscience. Ainsi le développement personnel des phénomènes priment sur les analyses incités par le thérapeute. Influencer par Ludwig Binswanger, Alfonso Caycedo se rend en Orient. En

[1] **Phénoménologie** (nf) :
Description philosophique des phénomènes par rapport à l'esprit qui les perçoit. Méthode philosophique qui se propose, en considérant les données immédiates de la conscience indépendamment de tout construction conceptuelle, de découvrir les structures transcendantes de la conscience et les essences.

Inde, il apprend le yoga auprès de grands Yogis. Dans l'Himalaya, il rencontre un des médecins du 14e Dalaï-Lama et prend connaissance de nouvelles techniques qui permettent d'accéder à des états de conscience modifiés comme le Tummo.

Au Japon, il se familiarise avec le Zazen. Alfonso Caycedo prend alors pleinement conscience de l'importance du corps dans ces différentes pratiques ce qui lui inspirera ses trois premiers degré de Relaxation Dynamique ou Relaxation Dynamique Caycédienne® I, II et III adapté à notre culture. Les « Relaxations Dynamiques » sont aujourd'hui au nombre de douze, divisées en trois cycles : réductif, radical et existentiel.

De 1968 à 1982 Alfonso Caycedo désormais professeur à l'école de psychiatrie de la faculté de médecine à Barcelone, profite de cette période pour affiner ses recherches sur les relaxations dynamiques. De 1982 à 1988 Alfonso Caycedo met en place la sophrologie sociale à Bogota.

En 1988 Alfonso Caycedo part vivre à la Principauté d'Andorre. En 1989 il créé des masters en sophrologie Caycédienne®.

En 1992 il ouvre l'Université Internationale de Sophrologie Caycédienne® ou « Université Mondiale de Sophrologie d'Andorre ».

En 1993 il encourage la création des premières écoles de sophrologie mandaté par la Fondation Alfonso Caycedo, FAC®.

B) Pourquoi la sophrologie dans l'addiction ?

Grand nombre de disciplines s'occupent de la dépendance et de l'addiction.

Alors pourquoi faire appel à la sophrologie plutôt qu'une autre ?

Tout simplement parce que la sophrologie possède des techniques affinées qui abordent toutes les formes de dépendance et d'addiction.

La sophrologie ne s'applique pas seulement à la relaxation, mais aussi, elle s'intéresse aux causes profondes et aux réactions face à l'addiction.

De plus, la sophrologie permet, outre de revenir dans le passer, de se projeter dans le futur, l'avenir et de se fait de visualiser la liberté retrouvée sans dépendance, ni addiction. La sophrologie, étudie la conscience en harmonie. Elle fait vivre ce qu'il y a de plus fort en nous, elle renforce nos structures positives afin de nous permettre de nous dépasser, de résoudre notre désordre lié l'addiction.

3. Gérer votre addiction au quotidien

Gestion de votre addiction par les trois techniques de Sophrologie de base.

– Première technique.

Evacuation du négatif.

– Deuxième technique.

Activation de votre potentiel vital.

– Troisième technique.

Je vous propose de vous installer le plus confortablement possible en position assise et d'enregistrer le texte, proposé ci-dessous, d'une voix monocorde et régulière, afin que vous puissiez pratiquer la méthode autant de fois que vous le souhaitez, où que vous soyez.

A) Premiere technique

Vous vous installez confortablement dans votre position assise de relaxation.

Vous pouvez fermer les yeux pour vous isoler du monde extérieur. Vous prenez conscience des points d'appui de votre corps, le bas de votre dos, de vos muscles fessiers, de vos pieds et de vos talons, vos mains posées sur vos cuisses. Vous prenez conscience de vos vêtements sur votre corps, vous expirez doucement et vous vous laissez aller dans cette position.

Vous allez relâcher tout votre corps, en commençant par votre tête.

Laissez aller votre front, votre front est lisse. Relâchez vos yeux, les globes oculaires eux-mêmes, c'est comme si vos yeux flottaient librement dans leurs orbites. Relâchez aussi les muscles autour de vos yeux. Laissez s'alourdir vos paupières de façon à ce que vos yeux restent parfaitement clos tout au long de cette séance sans que vous n'ayez aucun effort à faire. Relâchez vos joues. Vos dents se desserrent, votre langue se pose librement dans votre bouche, votre bouche s'entrouvre et votre menton est relâché. Votre visage maintenant détendu vous prenez conscience de tout votre crâne, de votre cuir chevelu, de toute votre tête, en train de se relâcher.

Votre nuque, vous la relâchez ainsi votre cou. Ces muscles, continuellement en tension puisqu'ils portent votre tête, sont maintenant au repos dans cette position d'équilibre. Libérez les tensions musculaires entre vos épaules. Et prenez conscience de votre nuque, de vos épaules et de vos bras en train de se relâcher complètement. Vos épaules. Relâchez les. Elles s'abaissent, se détendent. Elles sont comme attirées par la pesanteur et libérées elles se posent lourdement. Relâchez maintenant, la face externe de vos bras, de vos avant-bras. Relâchez vos poignets et vos mains, vos doigts se relâchent jusqu'à leur pulpe. Ils se positionnent librement. Conscience de la forme de votre, cou, de votre nuque, de vos épaules, de la partie externe de vos bras relâchés.

Vous relâchez maintenant les muscles de votre thorax, les muscles de votre paroi thoracique, intercostaux, pectoraux. Votre respiration est maintenant plus calme, peut-être abdominale. Vous relâchez les muscles le long de votre colonne vertébrale dorsale. Prise de conscience de votre diaphragme, laissez-le aller au rythme calme de votre respiration. Conscience de votre thorax, de la partie intérieure de vos bras sans tension, de vos mains. Vous relâchez maintenant les muscles de votre abdomen, votre ventre, les muscles de votre ceinture abdominale, de votre paroi abdominale. Laissez bien aller l'anneau musculaire de votre abdomen, de votre ventre. Sentez que vos muscles se soulèvent doucement, sous une respiration devenue plus naturelle, devenue abdominale, plus sereine.

Vous relâchez les muscles le long de la colonne vertébrale lombaire. Effacez votre cambrure source de tensions. Votre région ombilicale, tout votre anneau abdominal détendu, prise de conscience. Relâchez maintenant la partie inférieure de votre corps.

Vous allez maintenant vous centrer sur votre bas-ventre, et vivre toute cette zone, cette zone pelvienne sans tension, également vos muscles fessiers, les muscles de vos membres inférieurs relâchés. Vous libérez vos hanches. Les muscles de votre périnée se relâchent. Vous relâchez vos cuisses. Les muscles profonds de vos cuisses. Vous libérez vos genoux, vos mollets s'étalent. Relâchement de vos chevilles et de vos pieds jusqu'au bout de vos orteils. Peut-être que certaines sensations apparaissent. Laissez les se présenter à vous, sans à priori. Et vous prenez conscience de l'ensemble de votre corps sans tension. Tout votre corps est détendu.

Prenez conscience de la forme de la détente globale de votre corps, de son équilibre, de sa respiration, de la présence de votre corps dans votre conscience sans tensions. Vivez maintenant la forme de votre corps relâché, de votre respiration plus harmonieuse. Vous vous vivez en paix, calme et détendu. Vivre son corps c'est vivre les phénomènes que nous envoie notre corps sans les juger, sans chercher à les interpréter, et bien que détendu vous pouvez sentir combien vous êtes actif au sein de votre conscience. Conscience de la forme de tout votre corps sans tension.

Vous allez laisser venir à votre esprit une situation au contenu agréable de nature, de plénitude, de joie, d'harmonie, ou un projet, un souvenir, à votre choix. Laissez venir cette situation qui évoque pour vous joie et paix. Dès qu'elle apparaît vous la fixez dans votre conscience et vous la vivez, dans le même bien-être dans lequel vous êtes maintenant. Laissez vous quelques instants pour approfondir cette situation dans ses détails. Vous vivez votre corps dans cet instant unique. Vous prenez tout votre temps pour vivre les messages, les phénomènes de votre corps.
Maintenant vous vous préparez mentalement à faire votre reprise de tension musculaire, mais vous ne reviendrez pas à votre point originel, vous ferez cette reprise avec un capital d'harmonie puisé et redécouvert en vous-même, qui vous servira pour les heures, pour les jours à venir.

Et maintenant à votre rythme, vous faites trois respirations profondes. Remuez vos pieds, vos jambes, vos genoux. Vous remettez en tension votre bassin, conscience de la reprise de tension musculaire. Vous remettez en tension votre paroi abdominale. Conscience du thorax en train de revivre sa tension musculaire. Vous pouvez remuer vos doigts, vos bras, les muscles de votre nuque, vos épaules retrouvent leur tonus musculaire. Vous pouvez bailler, grimacer, saliver, remettre en tension tous les muscles de votre visage, de votre cuir chevelu se remet en douce tension musculaire. Vous vous étirez très fort pour bien prendre conscience de la forme de votre corps en reprise de tension musculaire. Et lorsque vous le désirez, vous pouvez ouvrir les yeux.

B) DEUXIEME TECHNIQUE – ÉVACUATION DU NEGATIF.

Dans votre position assise de confort, vous fermez les yeux pour mieux vous concentrer sur la lecture des phénomènes que vit votre corps. Avec vos yeux fermés, votre corps relâché, vous prenez conscience tout d'abord de la forme de votre tête, de votre visage sans tension.

Conscience de la forme de vos épaules, de vos bras, de vos avant-bras sans tension. Vos mains se relâchent complètement. Relâchement des muscles de votre nuque et de votre cou. Vous pouvez rechercher une position d'équilibre de votre tête. Votre nuque se relâche complètement, très profondément. Conscience de la forme de votre cou et de votre nuque sans tension.

Relâchement de votre thorax, toute votre paroi thoracique se détend pour laisser plus de place à votre cœur, à vos poumons en train de se détendre. La détente se prolonge sur toute la face interne de vos bras, jusqu'à la paume de vos mains.

Votre abdomen et tout votre anneau abdominal se relâche, conscience de la forme de votre abdomen, de sa respiration calme et naturelle. De votre dos relâché. Relâchez maintenant le bas de votre corps, votre bassin, votre périnée, vos fessiers, vos cuisses se relâchent, vos jambes bien verticales, vos pieds bien en contact avec le sol.
Vous approfondissez la détente de tout votre corps en relâchant tous les muscles de votre colonne vertébrale, cet arbre de vie qui relie toutes les régions de votre corps. Vous laissez aller très profondément, au bord du sommeil. Vous pouvez vous préparer à vivre la posture, plus en avant sur la chaise, pour bien vivre la présence de votre corps dans la conscience.

Vous allez pratiquer maintenant le déplacement du négatif, dans le même ordre que la de base. Après avoir inspiré l'air, en rétention, vous effectuerez une tension douce de chaque région du corps en essayant de percevoir les zones de tiraillement, de fourmillements, de crispation et à l'expiration, vous expulserez tout le négatif de cette zone. Dans les expirations qui suivent, vous renforcerez cette expulsion du négatif. C'est une lecture des tensions internes de votre corps. Vous allez commencer par votre visage.

Je vous explique d'abord. Vous soufflez, lors de l'inspiration, vous placez vos mains au niveau de votre front, tête légèrement en arrière, rétention, tension douce de tout votre visage en essayant de percevoir les zones difficiles, les zones de tension et à l'expiration, vous expulserez le négatif en soufflant.

Maintenant, vous soufflez, inspiration, vous placez vos mains au niveau de votre front, tête légèrement en arrière, rétention, tension douce de tout votre visage en essayant de percevoir les zones de tension et à l'expiration, vous expulsez le négatif en soufflant. Pendant la respiration libre et naturelle, suivante, vous continuez à évacuer le négatif. Maintenant vous placez vos mains sur vos cuisses, quelques moments de pause, pour vivre tête. Essayez de vivre la sensation de détente, de bien-être dans votre visage.

Maintenant, vous allez déplacer le négatif au niveau de votre thyroïde pour cela, pendant votre inspiration, vous allez vous concentrer sur votre cou, votre nuque, vos épaules et vos bras jusqu'au bout de vos doigts. Pour vous aider, vous pouvez placer vos doigts au niveau de la face antérieure de votre cou. Maintenant vous soufflez, inspiration, rétention et tension douce de votre cou, de votre nuque, de vos épaules, de vos bras, de vos avant-bras jusqu'au bout de vos doigts pour bien en prendre conscience, percevez les zones de tension interne, expulsion, et vous évacuez le négatif en soufflant. Pendant la respiration libre et naturelle, vous continuez à évacuer le négatif. Maintenant vous placez de nouveau vos mains sur vos cuisses, vous faites quelques pressions des mains sur vos cuisses pour vivre la présence permanente de votre corps dans la conscience. Pause.

Maintenant, vous allez vous concentrer sur votre sternum. Pour vous aider, vous placez vos doigts à son niveau. Pour déplacer le négatif vous effectuerez une tension de votre buste en mobilisant vos coudes vers l'arrière comme s'ils voulaient se toucher fortement. Maintenant vous soufflez, inspiration, rétention coudes en arrière, tension douce de votre thorax, de votre dos, lecture du négatif, soufflez, vous évacuez ce négatif. Pendant la respiration libre et naturelle, vous continuez à l'évacuer. Maintenant vous placez vos mains sur vos cuisses de nouveau avec une douce pression, qui permet toujours de vivre la présence de votre corps. Pause.

Et maintenant, vous placez vos mains sur votre ventre et vous appuyez pour bien le percevoir. Vous soufflez, inspiration, rétention, tension douce, de tout votre anneau abdominal, prise de conscience sous vos doigts, des zones de crispation, soufflez, expulsion du négatif, nettoyage de toute votre cavité abdominale. Relaxe. À chaque expiration, vous vous débarrassez de vos tensions. Essayez de libérer toutes les tensions. Placez les mains sur vos cuisses. Sentiment de bien-être. Maintenant vous allez vous concentrer sur vos mains sur votre bas-ventre. Pour déplacer le négatif, vous soufflez, inspiration, rétention, tension douce de toute la partie basse de votre corps jusqu'au bout de vos orteils, localisez les tensions dans votre bassin, dans vos jambes. Expulsez l'air, évacuez toutes les tensions qui peuvent exister. Pendant la respiration libre et naturelle, vous continuez à évacuer le négatif qui éventuellement persisterait. Pause.

Pour terminer ce déplacement du négatif, vous allez le pratiquer sur tout votre corps. Essayez de vivre tout votre corps, vivre sa présence dans la conscience. Déplacement du négatif de ce corps. Pour cela, vous pourrez mettre vos mains, doigts croisés derrière votre nuque, vous effectuerez une tension de tout votre corps en arc de cercle en arrière, en appuyant sur vos talons, pour bien prendre la mesure de votre corps en totalité. Si vous le voulez bien, vous soufflez, inspiration, rétention de l'air, tension douce de tout votre corps en arc de cercle, votre visage, vos épaules et vos bras, votre cou et votre nuque, votre thorax, votre abdomen, la partie inférieure de votre corps jusqu'au bout de vos pieds. Prise de conscience des zones de crispation, expulsion, relaxe. Vous évacuez les derniers éléments de tensions négatifs pouvant encore exister. Pendant la respiration libre et naturelle, vous continuez à évacuer le négatif. Pause. Faites une grande détente, votre conscience s'imprime des phénomènes qui se vivent dans votre corps. Vous accueillez les sensations d'harmonie, de plénitude, après la libération, l'évacuation des tensions. Vous activez en vous vos trois capacités, de confiance, d'harmonie physique et mentale, capacité d'espoir, de projets.

Vous pouvez terminer la séance en respirant profondément plusieurs fois, en remuant vos orteils, vos jambes, vos cuisses, votre bas-ventre, votre abdomen, votre thorax, vos bras, votre nuque et votre cou, les muscles de votre visage et en vous étirant d'abord doucement, puis plus énergiquement. Vous prenez tout votre temps pour une complète récupération avant de terminer la séance et d'ouvrir les yeux.

C) TROISIEME TECHNIQUE – ACTIVATION DE VOTRE POTENTIEL VITAL.

Vous pouvez vous installer, dans votre position assise de détente.

Je vous laisse prendre conscience de la forme de votre visage en train de se relâcher, vos paupières se font plus lourdes, votre mâchoire s'entrouvre.

Conscience de votre cou, votre nuque, vos bras se détendent jusqu'à la pulpe de vos doigts.

Votre thorax se détend votre respiration se fait plus calme. Vous pouvez peut-être sentir votre cœur battre doucement, mais fermement. Le haut de votre dos se relâche.

Votre respiration est devenue spontanément abdominale, c'est votre respiration de confort, de détente, vous approfondissez le relâchement de votre abdomen et de votre colonne lombaire. Conscience de la forme de votre anneau abdominal sans tension. Conscience de la forme de votre bassin et de vos jambes en train de se détendre, jusqu'à la pulpe de vos orteils, vos pieds bien ancrés au sol.

Et vous prenez conscience de la forme de tout votre corps sans tension. Vous pouvez maintenant, prendre votre posture de relaxation active, vous vous avancez au bord de votre chaise, votre dos bien droit, vos mains posées sur vos cuisses pour bien sentir la présence de votre corps dans la posture.

Vous allez faire un déplacement du négatif abrégé sur l'ensemble de votre corps. Quand vous voulez et à l'inspiration, vos mains derrière votre nuque, vous mettez tout votre corps en tension, depuis vos pieds jusqu'à votre tête. En insistant sur les zones qui vous posent plus de souci. Vous prenez conscience de toutes les tensions de votre corps et quand vous voulez, vous soufflez bien fort et vous lâchez. Repos. Vous lâchez chacune des tensions au niveau de votre corps et vous profitez de chacune des expirations suivantes pour continuer à évacuer les tensions. Si vous voulez, on va refaire cet exercice une deuxième fois. Vous soufflez et à l'inspiration, tension du corps depuis vos pieds jusqu'à votre tête, prise de conscience de toutes les tensions résiduelles de votre corps et à l'expiration, à votre rythme, vous envoyez loin, très loin toutes les tensions. Relaxe. Détente de votre tête, de vos épaules, de vos bras, de votre nuque, puis de toute la partie inférieure de votre corps. Vous prenez quelques instants pour écouter les sensations agréables ou neutres que vous envoie votre corps. Sensations de détente, peut-être sensations de chaleur ou de fourmillement. Pause pour établir le dialogue avec votre corps, être à l'écoute des messages qu'il vous envoie. Vous allez pratiquer maintenant l'activation vitale. Dans votre posture active. Votre dos bien droit et vos mains posées à plat sur vos cuisses pour mieux sentir la présence de votre corps dans la conscience.

Vous vous concentrez sur votre sur votre front. En vous concentrant sur votre front, vous allez activer, doucement, la circulation des petits vaisseaux qui viennent irriguer, nourrir votre cerveau, vos organes des sens, vos yeux, vos narines, vos oreilles, votre bouche. À chaque fois que votre corps est en activité la circulation, l'afflux de sang y est plus important. Vous allez venir, de vous-même, activer la circulation, jusqu'à sentir une douce augmentation de chaleur au niveau de votre front, de votre visage. Vous sentez peut-être votre cerveau se remettre en éveil, augmenter ses potentialités, vos sens devenir plus vifs. Douce augmentation de la circulation et de la température. Une circulation harmonieuse porte la vie, porte la chaleur de la vie, c'est une chaleur tiède, profonde qui favorise le fonctionnement de votre cerveau et de vos organes des sens. Pause, dans votre position assise de confort.

Vous en profitez pour vous mettre à l'écoute de votre cerveau, organe qui commande tout le reste de votre corps, vous le programmez pour qu'il devienne plus performant pour les jours voire les semaines à venir. Agréable sensation de bien-être qui s'étend à toute votre boîte crânienne, que vous allez continuer de programmer. Votre cerveau en particulier, pour toutes les activités, l'existence à venir. Une existence remplie de vos propres valeurs. Vous reprenez la posture active.

Vous vous concentrez sur la face antérieure de votre cou, vous demandez à vos vaisseaux de venir y activer la circulation, de venir y augmenter doucement la température. Le cou est un des organes de l'expression. C'est ici que se situe la thyroïde, cet organe en forme d'ailes de papillon qui active le métabolisme de votre corps. Ici que se situent les deux cordes vocales qui par leurs vibrations expriment vos émotions. C'est d'elles qu'émanent les sons les plus purs. Douce augmentation de la circulation et de la température à leur niveau jusqu'à sentir une douce sensation de bien-être et de chaleur. Vous savez toute la force que vous pouvez tirer de ces organes. Vous leur demandez d'activer leurs potentialités, leur tonus, vous leur demandez de venir se stimuler. Repos. Posture de détente. Temps de pause pour vous mettre à l'écoute de votre thyroïde, de vos cordes vocales que vous, allez pouvoir programmer pour les jours, les semaines à venir. Profonde sensation de bien-être. Vous reprenez la posture de relaxation active. Vous vous concentrez sur votre thorax, sur un point juste en bas de votre sternum. Vous allez, là encore, activer la circulation de tous vos vaisseaux. C'est une zone importante, riche où vous avez plein d'organes vitaux. Vous activez la circulation au niveau de votre cœur, ce grand organe de la vie qui bat pour vous à chaque instant, qui distribue le sang. Vous sentez la circulation qui augmente, ce cœur qui s'emplit de toute la force vitale, qui ne demande qu'à battre. Vous sentez la température augmenter doucement au niveau de ce cœur qui a tant d'énergie et de sang distribuer. Et vous activez aussi la respiration, l'énergie au niveau de vos poumons qui vont se remplir d'air. Repos. Pause d'intégration pour sentir toute l'énergie qui monte à ce niveau, source de vie, de mouvement. Vous sentez toute la force qu'il y a en vous et vous la programmez pour qu'elle vous accompagne chaque jour dès le matin, profond sentiment de bien-être qui diffuse dans toute votre cage thoracique. Vous reprenez la position active.

Et vous allez vous concentrer sur un point juste au-dessus du nombril. Vous activez doucement la circulation au niveau de vos organes digestifs pour stimuler votre foie, votre rate, vos intestins, tous ces organes qui s'occupent de la digestion, qui vous aident à prendre dans les aliments l'énergie nécessaire, à absorber tout ce qu'il y a de bon dans l'environnement. Peut-être allez-vous sentir la chaleur diffuser harmonieusement dans tout votre abdomen C'est la chaleur de la vie, chaleur de la force des éléments que vous avez ingérés, qui va se répandre en vous. Relaxe, pause dans votre position de confort. Vous allez programmer votre appareil digestif à fonctionner en harmonie avec vous, pour les jours, les semaines à venir. Vous reprenez la position active.

Vous vous concentrez sur un point, quelques centimètres au-dessous du nombril. C'est le point hara des orientaux, et vous y envoyez de la chaleur. Vous activez la circulation d'énergie, vous demandez à vos vaisseaux d'y envoyer davantage de sang. C'est ici que se trouve toute la réserve de votre énergie propre. C'est ici que se trouvent les organes d'élimination. C'est ici que s'opère le tri des déchets. Vous activez aussi doucement la circulation et la température au niveau de vos jambes qui vous permettent de vous déplacer toute la journée, douce sensation de chaleur qui se répand tout le long de vos jambes, depuis l'os de votre bassin jusqu'aux os de vos orteils. C'est dans l'intimité de la mœlle de vos os que se reproduisent vos globules rouges, vos globules blancs, vos plaquettes. Vous augmentez doucement la température au niveau de ces organes. Repos. Vous pouvez programmer cette partie de votre corps. C'est votre fondement, c'est là que siègent vos valeurs essentielles. Vous programmez vos organes pour qu'ils vous accompagnent, qu'ils vous aident à mener l'existence riche des valeurs que vous avez depuis votre enfance. Vous reprenez la posture active.

Vous allez faire une activation de l'ensemble de votre corps en harmonie. Votre corps est la somme de tous ces organes depuis vos pieds jusqu'à votre tête, le tout étant relié par votre colonne vertébrale, cet arbre de vie, qui vient réunir chaque partie de votre être. Vous activez la circulation depuis cette base, au niveau de votre colonne sacrée lombaire, dorsale, puis cervicale. Vous activez l'énergie à ce niveau, une sensation douce, agréable de chaleur monte depuis votre bassin jusqu'à votre tête. Elle vient stimuler en passant tous vos organes vitaux. Douce sensation de la circulation et de la température. Profond sentiment de bien-être. Pause. Vous pouvez vivre la présence de votre corps dans la conscience. Présence de tous vos organes porteurs de vie, de valeurs, que vous allez programmer à chaque fois que vous allez faire l'entraînement dans votre démarche de vie, dans vos projets. Force de cette énergie qui est en vous qui demande à s'exprimer par des actes pleins de vos valeurs.

Vous allez maintenant pouvoir renforcer vos capacités de confiance, capacité d'harmonie physique, mentale, capacité d'espoir, de projets.

Et quand vous voudrez, à votre rythme, vous pourrez faire votre reprise de tension musculaire, en faisant d'abord trois respirations profondes, puis en remettant en mouvement, vos jambes, votre bassin, votre ventre, votre thorax, votre cou et enfin votre visage. Quand vous voulez, vous vous étirer, bailler et à votre rythme ouvrir les yeux.

4. Gérer votre addiction au présent

– Apprenez à respirer.

– Protégez-vous de votre addiction par l'activation du positif.

A) APPRENEZ A RESPIRER

Dans votre position assise de confort, vous fermez les yeux pour mieux vous isolez du monde extérieur (pour mieux vous concentrer sur les phénomènes, les messages que va vous envoyer votre corps pendant la séance). Avec vos yeux fermés, votre corps relâché, vous prenez conscience de la forme de votre tête. Vous relâchez, tous les muscles de votre visage, de votre front, de vos yeux, de vos joues, de vos lèvres, de votre bouche, de votre menton.

Vos mains se relâchent complètement. Relâchement des muscles de votre nuque et de votre cou. Conscience de la forme de vos épaules, de vos bras sans tension.

Relâchement de votre thorax, toute votre paroi thoracique se détend pour laisser plus de place à votre cœur, à vos poumons en train de se détendre. Détente

qui se prolonge de vos bras, jusqu'à la paume de vos mains.

Conscience de la forme de votre abdomen, de sa respiration calme et naturelle. De votre dos relâché.

Relâchez maintenant le bas de votre corps, votre bassin, votre périnée (pour les femmes), vos fessiers. Vos pieds sont bien en contact avec le sol.

Vous approfondissez la détente de tout votre corps en relâchant tous les muscles de votre colonne vertébrale. Cet arbre de vie qui vous relie à tous les systèmes de votre corps. Vous vous laissez aller très profondément. Vous pouvez, maintenant, vous préparer à vivre votre posture, plus en avant sur votre chaise, votre dos bien droit, vos mains sur vos cuisses pour bien vivre la présence de votre corps dans cette posture. Inspiration, rétention, tension douce de votre corps dans la posture, expulsion de l'air, récupération. Vous allez maintenant pratiquer le déplacement du négatif sur l'ensemble de votre corps. Je vous indique comment le pratiquer. Après avoir inspiré de l'air, en rétention, vous effectuerez une tension douce à chaque système, en essayant de percevoir les zones de contraction, et à l'expiration, vous expulserez tout le négatif de cette zone. Dans les expirations qui suivent, vous renforcerez cette expulsion du négatif.

Si vous le voulez bien, vous soufflez, inspiration vous montez vos bras à la verticale, doigts entrecroisés, paumes vers le ciel, rétention d'air et tension douce jusqu'à la résistance confortable, expulsion. Vous amenez, tout doucement, vos mains devant le 1er système, devant votre front, vous posez délicatement vos mains sur votre front, légère tension et déplacement du négatif.

Vos mains vont descendre sur votre thyroïde, expulsion du négatif.

Vous amenez vos mains sur votre sternum, prise de conscience après une légère tension et un déplacement du négatif.

Votre ombilic, prise de conscience, tension douce et déplacement du négatif.

Votre bas-ventre, expulsion du négatif.

Pour terminer ce déplacement du négatif, vous allez le pratiquer sur tout votre corps. Pour cela, vous mettez vos mains, doigts croisés derrière votre nuque, vous effectuerez une tension douce de tout votre corps en arc de cercle, en arrière, en appuyant bien sur vos talons, pour bien prendre conscience de votre corps dans sa totalité. Et quand vous le souhaitez, après avoir décroisé vos mains, vous pouvez vous asseoir dans votre posture de confort. Pause.

Dans votre posture de relaxation active, vous allez, maintenant, pratiquer une activation vitale. Pour cela, à l'inspiration, vous mobiliserez la chaleur de votre corps, douce activation de l'énergie, dilatation des vaisseaux et à l'expiration, activation, augmentation de la chaleur, de la circulation dans tout votre corps. Vous soufflez. Inspirez doucement la chaleur, l'énergie, la force vitale de votre circulation. Et avec une expiration, vous stimulez en renforçant la chaleur, la température, la circulation dans vos organes, dans votre cerveau, dans votre thyroïde, dans votre cœur, dans vos poumons, dans vos organes génitaux. Vous vivez en vous la stimulation de vos organes et avec votre respiration vous faites diffuser dans tout votre corps. Relaxe. Pause. Vous êtes à l'écoute de votre corps et vous vivez les messages, les phénomènes de votre corps comme ils viennent, sans à priori.

Tout votre corps est relâché, vous prenez conscience de la forme de votre respiration abdominale, calme, de votre corps en train de respirer. Vivez la pleine conscience de votre respiration sans tension. Lâcher prise et, à l'aide de votre respiration, vous allez approfondir la vie qui se vit en vous. Pendant quelques instants, à chaque expiration, vous continuez à lâcher prise en prononçant mentalement un mot qui évoque pour vous calme et sérénité. À chaque expiration, vous prononcez mentalement ce mot, en faisant diffuser dans tout votre corps le sentiment qu'il induit. Vous le prononcez et vous allez plus encore vous en imprégner. Vivez sans a priori les phénomènes associés. Pratiquer cet exercice quelques instants.
Je vous propose maintenant d'imaginer un projet positif que vous avez dans un avenir proche et de choisir une formule de quelques mots pour réussir ce projet, (ajuster, votre phrase, sans aucun terme négatif). Je vous laisse choisir votre projet et votre phrase. Pendant quelques minutes mentalement, vous prononcerez votre phrase « solution » surtout sans la changer, sur votre expiration, vous la faites diffuser dans tout votre corps et vous vous vivez les phénomènes de votre corps. Vous pouvez la renforcer avec une expiration douce et longue. Stabilisez votre énergie pour accomplir votre projet, vous inspirez l'énergie positive de votre projet et vous l'envoyez dans toutes les cellules de votre corps, pour mieux les mobiliser. Vous mettez provisoirement votre phrase « solution » de côté, dans un coin de votre tête ou vous savez que vous pourrez la retrouver rapidement

en cas de besoin. Vivez à nouveau votre corps ici et maintenant. Vous relâchez votre visage, vos épaules et vos bras, votre cou et votre nuque, votre abdomen, votre thorax et la partie inférieure de votre corps. Quelques minutes de pause de totalisation pendant laquelle votre conscience s'imprime des moments importants de la séance. Vous êtes déjà en phase de recueillement. Pause.

Vous activez vos trois capacités, de confiance, d'harmonie physique et mentale, votre capacité d'espoir, de projets. Et à votre rythme, vous ferez votre reprise de tension musculaire, quand vous le souhaiterez. Vous prendrez tout votre temps pour une complète récupération.

B) PROTEGEZ-VOUS DE VOTRE ADDICTION PAR L'ACTIVATION DU POSITIF.

Dans votre position assise de confort, vous pouvez fermer vos yeux pour mieux vous concentrer. Vous prenez conscience de la forme de votre tête sans tension, conscience de la forme de votre visage sans tension.

Conscience de vos épaules et de vos bras sans tension. Vous relâchez vos avant-bras jusqu'au bout de vos doigts. Conscience de la forme de votre cou et de votre nuque relâchés, position de votre tête agréable.

Conscience de votre paroi thoracique de votre thorax détendu, conscience de la forme de votre dos.

Conscience de la forme de votre abdomen détendu, respiration abdominale libre, calme.

Vous relâchez complètement la partie basse de votre corps. Jusqu'au bout de vos orteils.

Vous allez maintenant faire une stimulation corporelle pour activer la présence de votre corps dans la conscience. Vous soufflez, inspiration, vos mains derrière votre nuque, rétention, tension douce de tout le corps, votre visage, vos épaules et vos bras, votre cou, votre nuque, votre abdomen, votre thorax et la partie inférieure de votre corps jusqu'au bout de vos orteils (dit très rapidement), expulsion, relâchement. Tout votre corps est relâché. Conscience de la forme de votre corps sans tension. Conscience de l'équilibre de votre corps relâché. Conscience de la respiration de tout votre corps sans tension. Vous pouvez maintenant rechercher votre posture de relaxation active, avancé sur votre chaise, votre dos bien droit, vos mains sur vos cuisses pour bien vivre la présence de votre corps dans la conscience.

Vous allez maintenant pratiquer un déplacement du négatif abrégé Concentrez-vous sur votre front, moment de déplacement du négatif à l'expiration.

Déplacement du négatif sur votre thyroïde., sur votre sternum, sur votre ombilic, sur vos jambes. Vous allez maintenant rechercher un sujet positif, une souvenance, ce peut être une image, une sensation, un moment que vous aimez tout particulièrement. Lorsque vous avez trouvé ce positif, vous l'activez en vous concentrant, en l'enracinant avec votre esprit, en le faisant entrer dans votre organisme. Calmement avec votre respiration naturelle, vous allez essayer à chaque inspiration de mobiliser ce positif. Vous allez l'envoyer dans toutes les cellules de votre corps sur l'expiration, le faire diffuser dans tout votre corps.

Vous allez pratiquer maintenant la présence immédiate, dans le même ordre que la technique de base. Je vous indique comment pratiquer. Vous ferez ensuite cette méthode en respiration synchronique. Après avoir inspiré l'air, en rétention, vous effectuerez une tension douce de chaque région de votre corps et vous la remplirez du positif que vous avez mobilisé. Dans les inspirations qui suivent, vous renforcerez cette présence du positif.

Vous allez maintenant charger de positif votre visage et votre tête. Vous placez vos mains au niveau de votre front. Inspiration du positif, tête légèrement en arrière, rétention, stimulation douce de votre visage et vous fixez le positif. À chaque inspiration qui suit, vous faites entrer du positif dans votre visage. Vous inspirez profondément les sensations. Maintenant vous placez vos mains sur vos cuisses, quelques moments de pause d'intégration. Essayez de vivre la sensation de relâchement, de bien-être à ce niveau.

Vous allez maintenant charger de positif votre cou, votre nuque, vos épaules et vos bras. Pour vous aider, vous pouvez placer vos doigts au niveau de la face antérieure de votre cou soufflez, douce tension, tête légèrement en avant, inspiration du positif, rétention, tension douce, concentration et vous installez le positif, soufflez, et à chaque inspiration qui suit vous remplissez de positif votre nuque et votre cou, vos épaules et vos bras, vous protégez cette zone en faisant le plein de positif. Maintenant vous placez vos mains sur vos cuisses, quelques moments de pause dans votre position de confort. Essayez de vivre la sensation de détente, de bien-être à ce niveau.

Vous allez maintenant charger de positif votre thorax, votre dos. Pour vous aider, vous placez vos doigts au niveau de votre sternum. Vous faites une douce tension de votre buste en mobilisant vos coudes vers l'arrière comme s'ils voulaient se toucher fortement, vous pouvez aussi la faire doucement. Maintenant vous soufflez, inspiration, rétention coudes en arrière, tension douce de votre thorax, de votre dos, vous remplissez cette zone de sensations positives, expulsion. À chaque inspiration, vous accueillez chacune des sensations plaisantes, sentiment de bien-être à ce niveau. Maintenant vous placez vos mains sur vos cuisses, quelques moments de pause d'intégration. Essayez de vivre la sensation de détente, de bien-être à ce niveau.

Vous allez maintenant charger de positif votre abdomen. Vous placez vos mains de sur votre ventre et vous appuyez pour bien le percevoir, vous soufflez, inspiration, rétention, tension douce de tout votre anneau abdominal, vous amenez une sensation de bien-être, de paix, de douceur du fonctionnement viscéral de votre corps. Vous êtes vraiment dans la zone de fonction viscérale de la vie, dans votre abdomen. Vous pouvez stimuler, si vous le souhaitez, par une légère tension, une zone de votre choix, comme si cette zone se remplissait de choses agréables, comme si cela facilitait le fonctionnement de tous vos organes. Vous remplissez de positif tout l'intérieur de votre corps. Maintenant vous placez vos mains sur vos cuisses, quelques moments de pause. Essayez de vivre la sensation de détente, de bien-être dans le système.

Vous allez charger de positif, la partie basse de votre corps, posez vos mains sur votre bas-ventre et douce tension. C'est le centre vital de l'énergie ancestrale, présence de vos organes de reproduction, de vos jambes, inspirez le positif, tension corporelle de la zone, rétention de l'air, vous expulsez l'air. Le positif continue de circuler sur les inspirations suivantes. Maintenant vous placez vos mains sur vos cuisses, quelques moments de pause. Essayez de vivre la sensation de paix, de bien-être à ce niveau.

Pour terminer vous allez maintenant stimuler l'ensemble de votre corps et au moment d'inspirer, vous allez faire résonner tout votre corps, toutes les zones de votre corps. Pour cela, vous pourrez mettre vos mains, doigts croisés derrière votre nuque, vous effectuerez une tension de tout votre corps en arc de cercle en arrière, en appuyant sur vos talons, pour bien prendre la mesure de votre corps en totalité. Vous soufflez, posture, inspiration du positif, rétention, tension de tout votre corps, expulsion, relaxe. Sur les inspirations suivantes, inspirez tout le bonheur du monde, la joie de vivre, les plaisirs de la vie. Remplissez-vous de toutes ces choses qui vous rendent d'avantage radieux et faites diffuser ce positif dans toutes les cellules de votre corps, vous l'envoyez depuis votre crâne jusqu'à la pulpe de vos orteils dans une sensation d'harmonie vitale, de félicité. Quelques instants de pause sur tout votre corps. Méditation sur les moments forts de la séance. Sentiment de ravissement profond, d'harmonie vitale, de bonheur intérieur. Vous accueillez tous les phénomènes plaisants, toutes les informations que vous envoie votre corps.

Vous activez en vous vos trois capacités, de confiance, d'harmonie physique et mentale, capacité d'espoir, de projets. Et quand vous voudrez, à votre rythme, vous pourrez faire votre reprise de tension musculaire, en faisant d'abord trois respirations profondes, puis en remettant en tension tout votre corps en commençant par vos pieds et en finissant par votre tête. Quand vous voulez, vous pouvez vous étirer, bailler, et à votre rythme, ouvrir les yeux.

5. Gérer votre addiction en vous projetant dans l'avenir

– Gérer votre addiction par vos projets.

A) GERER VOTRE ADDICTION PAR VOS PROJETS.

Dans votre position assise de confort, vous fermez vos yeux pour mieux vous isolez du monde extérieur.

Avec vos yeux fermés, votre corps relâché, vous prenez conscience de la forme de votre tête. Vous relâchez, tous les muscles de votre visage, de votre front, de vos yeux, de vos joues, de vos lèvres, de votre bouche, de votre menton.

Vos mains se relâchent complètement. Relâchement des muscles de votre nuque et de votre cou.

Conscience de la forme de vos épaules, de vos bras sans tension.

Relâchement de votre thorax, toute votre paroi thoracique se détend pour laisser plus de place à votre cœur, à vos poumons en train de se détendre. Détente qui se prolonge de vos bras, jusqu'à la paume de vos mains.

Conscience de la forme de votre abdomen, de sa respiration calme et naturelle. De votre dos relâché.

Relâchez maintenant le bas de votre corps, votre bassin, votre périnée (pour les femmes), vos fessiers. Vos pieds sont bien en contact avec le sol.

Vous approfondissez la détente de tout votre corps en relâchant tous les muscles de votre colonne vertébrale. Cet arbre de vie qui vous relie à tous les systèmes de votre corps. Vous vous laissez aller très profondément. Vous pouvez, maintenant, vous préparer à vivre votre posture de relaxation active, plus en avant sur votre chaise, votre dos bien droit, vos mains sur vos cuisses pour bien vivre la présence de votre corps dans cette posture. Inspiration, rétention, tension douce de votre corps dans la posture, expulsion de l'air, récupération.

Vous allez maintenant pratiquer un déplacement du négatif sur l'ensemble de votre corps. Je vous indique comment le pratiquer. Après avoir inspiré de l'air, en rétention, vous effectuerez une tension douce en essayant de percevoir les zones de contraction, et à l'expiration, vous expulserez tout le négatif de cette zone. Dans les expirations qui suivent, vous renforcerez cette expulsion du négatif.

Si vous le voulez bien, vous soufflez, inspiration vous montez vos bras à la verticale, doigts entrecroisés, paumes vers le ciel, rétention d'air et tension douce jusqu'à la résistance confortable, expulsion. Vous amenez, tout doucement, vos mains devant votre front, vous posez délicatement vos mains sur votre front, légère tension et déplacement du négatif.

Vos mains vont descendre sur votre thyroïde, expulsion du négatif.

Vous amenez vos mains sur votre sternum, prise de conscience après une légère tension et un déplacement du négatif.

Votre ombilic, prise de conscience, tension douce et déplacement du négatif.

Votre bas-ventre, expulsion du négatif.

Pour terminer ce déplacement du négatif, vous allez le pratiquer sur tout votre corps. Pour cela, vous mettez vos mains, doigts croisés derrière votre nuque, vous effectuerez une tension douce de tout votre corps en arc de cercle, en arrière, en appuyant bien sur vos talons, pour bien prendre conscience de votre corps dans sa totalité. Et quand vous le souhaitez, après avoir décroisé vos mains, vous pouvez vous asseoir dans votre position de confort. Pause.

En posture de relaxation active, vous allez, maintenant, pratiquer une activation vitale. Pour cela, à l'inspiration, vous mobiliserez la chaleur de votre corps, douce activation de l'énergie, dilatation de vos vaisseaux, et à l'expiration, activation, augmentation de la chaleur, de la circulation dans tout votre corps. Vous soufflez. Inspirez doucement la chaleur, l'énergie, la force vitale de votre circulation. Et avec une expiration, vous stimulez en renforçant la chaleur, la température, la circulation dans vos organes, dans votre cerveau, dans votre thyroïde, dans votre cœur, dans vos poumons, dans vos organes génitaux. Vous vivez en vous la stimulation de vos organes et avec votre respiration vous faites diffuser dans tout votre corps.

Vous allez maintenant essayer de vivre l'acceptation progressive avec tout votre corps, tous vos organes. Pour cela vous allez laisser venir une situation qui doit se produire dans un proche avenir, une situation qui vous implique, comme la réalisation d'un projet qui vous tient à cœur, mais qui vous inquiète car elle peut exiger de vous un effort. Un contexte que vous avez envie de mieux franchir, vous choisissez votre situation.

Vous la fixez et vous allez la vivre dans une réalisation positive avec la présence de tout votre corps. Vous allez vous situer immédiatement après cette situation qui vient de se dérouler avec succès, vous vivez la satisfaction de l'avoir, franchie avec toute la satisfaction et tout le positif que cela évoque pour vous et vous sentez dans votre corps quelles sont les sensations qui peuvent intervenir dans vos différents systèmes, vous laissez venir à vous tous les possibles. Plus précisément au niveau de votre front, de votre thyroïde, de votre sternum, de votre ombilic, de vos jambes. Enfin vous vivez avec tout votre corps, mais aussi votre esprit, avec les sentiments de bonheur et d'accomplissement.

Vous vivez maintenant votre situation. Vous vous situez au début de votre aventure et vous allez laisser se dérouler son histoire. À chaque fois que vous aurez un moment plus confus, vous pourrez soit faire un déplacement du négatif, soit laisser venir un contenu positif. N'hésitez pas, trois, respirations abdominales, expulsion et déplacement du négatif en respiration synchronique, laissez venir tous les phénomènes de votre corps dans cette rencontre. Vous pouvez même envisager cette situation dans ses détails, vous sentez peut-être une force, une paix intérieure, une énergie qui vient de votre corps. Laissez là se déployer. Vous êtes maître de vos potentiels, de vos projets, et de votre corps qui en est le support. Votre corps peut même être vécu comme un corps de vie rayonnant. Vous prenez tout votre temps pour laisser venir tous les phénomènes. Si quelques phénomènes se faisaient délicats, vous pouvez faire votre geste (voire technique avec geste), par exemple, à l'expiration, relâcher votre visage, vos épaules et vos bras, et puis vous trouvez à intérieur de vous-même la stratégie qui vous permet de dominer ce phénomène, tant avec votre corps que vous sentez présent, fort, solide, qu'avec votre esprit. Vous trouvez en vous, une stratégie, un moyen de franchir cette résistance qui vienne de vous, que vous viviez pleinement dans votre corps. Présence de votre corps, force vive qui soutient votre esprit. Vous vivez les stratégies qui se révèlent. Plus précisément au niveau de votre front, de votre thyroïde, de votre sternum, de votre ombilic, de vos jambes. Vous prenez tout votre temps pour votre vivre les sensations qui se vivent dans votre corps.

Quand vous le souhaiterez, vous pratiquerez votre reprise de tension musculaire, après avoir évoqué vos trois capacités, de confiance, d'harmonie physique et mentale et d'espoir, de projet qui doivent être particulièrement présentes après cette séance.

B) ET

Dans votre position assise de confort, vous fermez les yeux pour mieux vous isolez du monde extérieur. Avec vos yeux fermés, votre corps relâché, vous prenez conscience de la forme de votre tête. Vous relâchez, tous les muscles de votre visage, de votre front, de vos yeux, de vos joues, de vos lèvres, de votre bouche, de votre menton.

Vos mains se relâchent totalement. Relâchement des muscles de votre nuque et de votre cou. Conscience de la forme de vos épaules, de vos bras sans tension.

Relâchement de votre thorax, toute votre paroi thoracique se détend pour laisser plus de place à votre cœur, à vos poumons en train de se détendre. Détente qui se prolonge de vos bras, jusqu'à la paume de vos mains.

Conscience de la forme de votre abdomen, de sa respiration calme et naturelle. De votre dos relâché.

Relâchez maintenant le bas de votre corps, votre bassin, votre périnée (pour les femmes), vos fessiers. Vos pieds sont bien en contact avec le sol.

Vous approfondissez la détente de tout votre corps en relâchant tous les muscles de votre colonne vertébrale. Cet arbre de vie qui vous relie à tous les systèmes de votre corps. Vous vous laissez aller très profondément.

Vous pouvez, maintenant, vous préparer à vivre votre posture de relaxation active, plus en avant sur votre chaise, votre dos bien droit, vos mains sur vos cuisses pour bien vivre la présence de votre corps dans cette posture. Inspiration, rétention, tension douce de votre corps dans la posture, expulsion de l'air, récupération.

Vous allez maintenant pratiquer le déplacement du négatif sur l'ensemble de votre corps. Je vous indique comment le pratiquer. Après avoir inspiré de l'air, en rétention, vous effectuerez une tension douce, en essayant de percevoir les zones d'inconfort, de crispation, et à l'expiration, vous expulserez tout le négatif de cette zone. Dans les expirations qui suivent, vous renforcerez cette expulsion du négatif. Si vous le voulez bien, vous soufflez, inspiration vous montez vos bras à la verticale, doigts entrecroisés, paumes vers le ciel, rétention d'air et tension douce jusqu'à la résistance confortable, expulsion. Vous amenez, tout doucement, vos mains devant votre front, vous posez délicatement vos mains sur votre front, légère tension et déplacement du négatif.

Vos mains vont descendre sur votre thyroïde, expulsion du négatif, Vous amenez vos mains sur votre sternum, prise de conscience après une légère tension et un déplacement du négatif.

Votre ombilic, prise de conscience, tension douce et déplacement du négatif.

Votre bas-ventre, expulsion du négatif. Pour terminer ce déplacement du négatif, vous allez le pratiquer sur tout votre corps. Pour cela, vous mettez vos mains, doigts croisés derrière votre nuque, vous effectuerez une tension douce de tout le corps en arc de cercle, en arrière, en appuyant bien sur vos talons, pour bien prendre conscience de votre corps dans sa totalité. Et quand vous le souhaitez, après avoir décroisé vos mains, vous pouvez vous asseoir dans votre posture de confort. Pause.

En posture de relaxation active, vous allez, maintenant, pratiquer une activation vitale.

Pour cela, à l'inspiration, vous mobiliserez la chaleur de votre corps, douce activation de l'énergie, dilatation de vos vaisseaux, et à l'expiration, activation, augmentation de la chaleur, de la circulation dans tout votre corps. Vous soufflez. Inspirez doucement la chaleur, l'énergie, la force vitale de votre circulation. Et avec une expiration, vous stimulez en renforçant la chaleur, la température, la circulation dans vos organes, dans votre cerveau, dans votre thyroïde, dans votre cœur, dans vos poumons, dans vos organes génitaux. Vous vivez en vous la stimulation de vos organes et avec votre respiration vous faites diffuser dans tout votre corps.

Vous allez maintenant vivre une programmation future avec tout votre corps, tous vos organes. Et c'est avec la force d'activation de tous ces organes vitaux que vous allez accueillir une situation, vous la laissez venir, je vous invite à accueillir une situation que vous avez surmonté depuis plusieurs mois, voire plusieurs années. Profiter de la richesse que cette réussite a fait grandir en vous. Je vous invite à vivre toute la satisfaction de ce vécu et toutes les sensations que vous envoie votre corps, tous ces organes vitaux que vous avez activés et qui vous ont aidé à réaliser votre projet avec succès. Vous sentez la présence de cette puissance qui fait désormais partie de vous et qui vous a permis de progresser, de vous réaliser et qui maintenant se dégage de vous.

Vous vous vivez en train de conter votre succès à vos proches. Vous pouvez ouvrir votre regard sur ce qui vous entoure. Peut-être sentez-vous déjà la puissance qui se dégage de vous depuis votre réussite. Votre entourage s'étonne agréablement de votre sérénité, de votre métamorphose. Vous vivez tout le bonheur, toute la confiance d'avoir réalisé votre projet. Vous êtes surpris(e) de l'aisance avec laquelle vous faites partager votre parcours. C'est avec ravissement que vous accueillez les observations de votre auditoire, leurs incertitudes, leurs interrogations et que vous y répondez. Vous vous sentez fort de votre expérience, fort de vos acquis. Et à chaque inspiration, vous vous emplissez de toute cette joie, vous vous emplissez de cet état de bien-être, à chaque expiration, vous laissez glisser toutes ces sensations corporelles à l'intimité même de vos cellules, à chaque inspiration, vous vous emplissez de lumière, de votre propre force. À chaque expiration, vous faites diffuser tous les possibles au plus profond de vos cellules, plus précisément au niveau de votre front, de votre thyroïde, de votre sternum, de votre ombilic, de votre bas-ventre. Enfin vous vivez avec tout votre corps. Et, à chaque inspiration, vous renforcez ce sentiment de confiance qui est né en vous et qui s'est renforcé par la pratique des entraînements. Face à votre meilleure connaissance de vous, connaissance de vos potentiels et vous en profitez pour renforcer votre capacité, de confiance, d'harmonie envers ce corps qui vous a aidé à surmonter vos difficultés, et envers votre esprit qui s'est défendu pour atteindre son but, d'espoir, de projets.

Dans votre position de confort, à votre rythme, vous laissez partir votre situation, pour revenir ici et maintenant, mais pas dans la même existence qu'avant la séance, avec beaucoup plus de force, de confiance, de réussite, toute l'expérience de votre futur qui est maintenant en vous, dans chacune de vos cellules.

Et c'est fort de cette expérience positive que vous allez pouvoir pratiquer votre reprise de tension musculaire.

6. Gérer votre addiction en vous appuyant sur votre passé

A) Gerer votre addiction par vos souvenirs de personne sobre.

Vous vous installez confortablement dans votre position assise de confort.

Vous pouvez fermer vos yeux pour mieux vous isoler du monde extérieur. Vous allez prendre conscience de la détente de votre corps.

Concentrez vous sur votre front. Conscience de la forme de votre visage détendu, de toute votre tête sans tension.

Concentrez vous sur la région antérieure de votre cou. Conscience de la forme de votre cou, de votre nuque, de la partie extérieure de vos épaules, de la partie externe de vos bras sans tension.

Vous pouvez vous centrer maintenant sur votre sternum. Conscience de la forme de votre thorax sans tension. Conscience de la partie intérieure de vos bras, de vos mains sans tension.

Concentrez vous sur votre ombilic. Région ombilicale sans tension.

Vous allez maintenant vous centrer sur votre bas-ventre et vivre toute cette zone, cette zone pelvienne sans tension. Relâchez, également vos muscles fessiers, les muscles de vos membres inférieurs sans tension. Très tranquillement, vous allez maintenant prendre votre posture de relaxation active. Prenez tout votre temps pour bien prendre conscience de votre posture, vos mains sur vos cuisses, vos épaules un peu en avant, pour retrouver votre équilibre. Présence de votre corps dans cette posture confortable, mais active. Quelques moments de déplacement du négatif abrégé.

Si vous le voulez bien, vous faites une très légère stimulation corporelle. Vous évacuez le négatif de votre front, déplacement du négatif de votre thyroïde.

Puis sur votre thorax, votre diaphragme, votre cœur, vos poumons.

Vous vous concentrez maintenant sur votre ombilic, vos intestins, votre appareil digestif. Éventuellement, si vous le souhaitez, vous pouvez pratiquer une petite stimulation corporelle et vous évacuez le négatif.

Présence maintenant de votre bas-ventre. Vos ovaires, votre utérus (pour les femmes), ainsi que vos jambes. Déplacement du négatif. Vous vivez maintenant la présence de votre corps dans votre conscience.

Avant de vous projeter dans une situation future, vous allez activer chacun de vos organes vitaux. Nous allons donc pratiquer une activation vitale abrégée. Quelques moments d'activation vitale de vos organes.

Douce augmentation de la chaleur, augmentation du diamètre de vos vaisseaux qui viennent nourrir vos organes vitaux, au niveau de votre cerveau. Au niveau de votre thyroïde. De vos organes génitaux. De votre ombilic. Puis au niveau de vos jambes.

Je vous propose, maintenant, de trouver un souvenir positif. Essayez de revivre un des premiers souvenirs de votre vie, un souvenir d'enfance. Vous fixez ce souvenir positif pour le consolider dans votre conscience. Maintenant, vous inspirez et vous levez votre bras et tout doucement, quand votre bras redescend, vous intensifiez votre souvenir. Votre conscience est emplie de se souvenir plaisant. Votre souvenir se fait de plus en plus précis, avec force de détails. Au rythme de votre respiration, vous renforcez vos sensations positives. Vous remplissez votre conscience en vivant pleinement ces instants. Vivez ces instants positifs au niveau de votre front. Instants positifs au niveau de votre thyroïde. Instants positifs au niveau de votre sternum. Instants positifs au niveau de votre ombilic. Instants positifs au niveau de votre bas-ventre. Instants positifs au niveau de tout votre corps.

Vous allez garder ces souvenirs précieusement dans un coin de votre conscience, prêt à être utilisé en cas de besoin. Pause de totalisation. Tout doucement vous vivez ici et maintenant tout votre corps, toutes les sensations qui viennent à vous, sans les juger, sans les interpréter. Vous vivez votre corps dans le présent en y associant votre passé positif. Vous prenez tout votre temps pour vivre ce corps ancien et présent, ici et maintenant.

Quand vous le souhaiterez, vous ferez votre reprise de tension musculaire en commençant par le bas-ventre et en finissant par le front.

7. Acceptez les valeurs de l'existence

A) Utilisez vos valeurs contre votre dependance ou votre addiction.

Dans votre position assise de confort. Vous pouvez fermer vos yeux pour mieux vivre votre séance. Je vous invite, maintenant, à prendre conscience de la forme de votre tête sans tension. Conscience de votre cuir chevelu, de vos yeux en train de se détendre. De toute cette zone entre vos yeux, tant soumise à la tension. Imaginez que votre cerveau est un muscle et détendez le. Peut-être pouvez-vous sentir votre cerveau trouver son espace dans votre boîte crânienne. Laissez s'évader vos pensées. Détente de vos joues. Laissez vos yeux, votre langue trouver librement leur position, dans leurs orbites, dans votre bouche. Prenez conscience de la forme de votre visage sans tension.

Conscience de vos épaules en train de se relâcher, de vos bras, de vos coudes, de vos avant-bras complètement détendu. Cela vous permet de retrouver une meilleure position de votre cou. Détente de votre cou et de votre nuque. Relâchement de toute cette zone de communication entre votre tête et votre corps.

Conscience de votre thorax en train de se relâcher. De votre cœur, de vos poumons. Vous laissez votre diaphragme se détendre, ce muscle clé de la respiration. Peut-être pouvez-vous le sentir descendre à chaque inspiration. Montez tranquillement à chaque expiration. Laissez-vous bercer par votre propre rythme cardiaque. Votre colonne vertébrale se détend.

Maintenant vous prenez conscience de la forme de votre abdomen détendu. De votre système digestif qui trouve toute sa place dans votre anneau abdominal. Votre colonne lombaire se relâche.

Conscience de votre bassin en train de se détendre. De toute cette zone d'énergie. Conscience de votre périnée en train de se détendre (pour les femmes), de vos cuisses, de vos mollets, de vos pieds relâché jusqu'à la pulpe de vos orteils.

Vous prenez conscience de votre colonne vertébrale en train de se détendre depuis votre bassin jusqu'à votre tête. Laissez tous vos muscles paravertébraux se relâcher. Vous pouvez peut-être sentir chacune des fibres de votre moelle épinière en train de trouver son espace. Conscience de la forme de votre corps parfaitement relâché. À chaque expiration libre et naturelle, vous descendez un peu plus au bord du sommeil. Vous vous préparez à prendre votre posture de relaxation active, votre dos bien droit, vos mains sur vos cuisses pour bien prendre conscience de la forme de votre corps dans votre conscience.

Maintenant, si vous le voulez bien, nous allons pratiquer un déplacement du négatif. Quand vous voulez, vous soufflez et à l'expiration, vous mettez en tension tout votre corps, depuis la pulpe de vos orteils jusqu'au sommet de votre tête, en sentant chacune des tensions, et quand vous voulez, vous les expulsez loin, très loin. Et dans les respirations libres et naturelles qui suivent, vous continuez à envoyer au loin chacune de ces tensions.

Vous allez, maintenant, vous centrer sur votre idée de valeur. Laissez-là monter dans votre conscience. Vous pouvez évoquer comme première valeur, la liberté, la liberté de l'individu. Nous allons maintenant établir un phénomène avec cette valeur essentielle. Imprégnez vous de cette liberté. Vous êtes un être unique, libre, responsable. C'est cela qui fait votre valeur. Quand vous voulez, vous soufflez et à l'inspiration, vous montez vos mains, paumes ouvertes vers le ciel avec votre tête légèrement en arrière. Et là, vous restez en respiration libre et naturelle. Laissez s'établir les phénomènes avec votre propre notion de la liberté. Pratiquez la posture le temps qui vous est nécessaire. Et à votre rythme, vous pourrez descendre vos bras et peut-être sentir au niveau de la paume de vos mains, une douce sensation de chaleur. Comme si elles étaient le point d'énergie de votre propre liberté. Relaxe. Détente dans la posture de relaxation. Pause d'intégration. Posture de relaxation active.

Une deuxième fois, vous allez laisser venir du plus profond de votre être, une deuxième valeur. Vous soufflez, et à l'inspiration, vous montez vos mains, paumes ouvertes vers le ciel avec votre tête légèrement en arrière, et là, vous restez en respiration libre et naturelle. Vous laissez s'établir les phénomènes avec votre valeur de la liberté, en prenant tout le temps qui vous est nécessaire dans la posture et quand vous le voulez, vous pourrez descendre vos bras. Détente. Posture de relaxation assise, confortable. Pause. Posture de relaxation active. Cherchez une grande valeur qui vous habite. Vous pouvez pratiquer la posture. Quand vous voulez, vous soufflez, et à l'inspiration, vous montez vos mains, paumes ouvertes vers le ciel, avec votre tête légèrement en arrière. Vous restez en respiration libre et naturelle et vous laissez s'établir tous les phénomènes avec votre propre notion de cette valeur, en prenant tout le temps qui vous est nécessaire. Vous pratiquez la posture et à votre rythme, vous pourrez descendre vos bras. Détente. Posture de relaxation. Pause. Posture de relaxation active. Laissez monter à votre conscience une valeur de votre choix. Une valeur qui vous touche particulièrement. Quand vous le souhaitez, vous pouvez prendre la posture et laissez s'établir les phénomènes avec votre propre notion de cette valeur au plus fort de votre conscience. Détente. Posture de relaxation. Pause. Relaxe, détente de votre tête, de vos épaules, de votre thorax, de votre abdomen et de toute la partie inférieure de votre corps. Pause de totalisation. Laissez venir à vous chacun des phénomènes de cette séance. Vivez les valeurs de votre existence, votre richesse intérieure.

Vous pouvez en profiter pour renforcer votre capacité de confiance, confiance en vous et aux Hommes, confiance en votre corps, en vos cellules. Votre capacité d'harmonie physique et mentale. Votre capacité d'espoir, de projets. Et à votre rythme, vous pourrez pratiquer votre reprise de tension musculaire en commençant par le bas-ventre et en remontant jusqu'au front.

8. Addiction = Maladie

A) VOTRE ADDICTION EST « PSYCHOSOMATIQUE[2] ».

Dans votre position assise de confort, vous fermez les yeux pour mieux vous isolez du monde extérieur. Avec vos yeux fermés, votre corps relâché, vous prenez conscience de la forme de votre tête. Vous relâchez, tous les muscles de votre visage, de votre front, de vos yeux, de vos joues, de vos lèvres, de votre bouche, de votre menton.

Vos mains se relâchent complètement. Relâchement des muscles de votre nuque et votre cou. Conscience de la forme de vos épaules, de vos bras sans tension.

Relâchement de votre thorax, toute votre paroi thoracique se détend pour laisser plus de place à votre cœur, à vos poumons en train de se détendre. Détente qui se prolonge de vos bras, jusqu'à la paume de vos mains.

---

[2] **Psychosomatique** : 1. Se dit d'un trouble organique ou fonctionnel d'origine psychique : *sa migraine est psychosomatique*. 2. Qui concerne à la fois, le corps et l'esprit: *Médecine psychosomatique*.

Conscience de la forme de votre abdomen, de sa respiration calme et naturelle. De votre dos relâché.

Relâchez maintenant le bas de votre corps, votre bassin, votre périnée (pour les femmes), vos fessiers. Vos pieds sont bien en contact avec le sol.

Vous approfondissez la détente de tout votre corps en relâchant tous les muscles de votre colonne vertébrale. Cet arbre de vie qui vous relie à tous les systèmes de votre corps. Vous vous laissez aller très profondément. Vous pouvez, maintenant, vous préparer à vivre la posture de relaxation active, plus en avant sur votre chaise, votre dos bien droit, vos mains sur vos cuisses pour bien vivre la présence de votre corps dans cette posture. Inspiration, rétention, tension douce de votre corps dans la posture, expulsion de l'air, récupération.

Vous allez maintenant pratiquer le déplacement du négatif sur l'ensemble de votre corps. Je vous indique comment le pratiquer. Après avoir inspiré de l'air, en rétention, vous effectuerez une tension douce à chaque système, en essayant de percevoir les zones de contraction, et à l'expiration, vous expulserez tout le négatif de cette zone en soufflant loin, très loin. Dans les expirations qui suivent, vous renforcerez cette expulsion du négatif.

Si vous le voulez bien, vous soufflez, inspiration vous montez vos bras à la verticale, doigts entrecroisés, paumes vers le ciel, rétention d'air et tension douce jusqu'à la résistance confortable, expulsion.

Vous amenez, tout doucement, vos mains devant votre front, vous posez délicatement vos mains sur votre front, légère tension et déplacement du négatif.

Vos mains vont descendre sur votre thyroïde, tension douce, expulsion du négatif.

Vous amenez maintenant vos mains sur votre sternum, prise de conscience, tension et déplacement du négatif.

Votre ombilic, prise de conscience, tension douce et déplacement du négatif.

Votre bas-ventre, expulsion du négatif.

Pour terminer ce déplacement du négatif, vous allez le pratiquer sur tout votre corps. Pour cela, vous mettez vos mains, doigts croisés derrière votre nuque, vous effectuerez une tension douce de tout le corps en arc de cercle, en arrière, en appuyant bien sur vos talons, pour bien prendre conscience de votre corps dans sa totalité.

Et quand vous le souhaitez, après avoir décroisé vos mains, vous pouvez vous asseoir dans votre position de confort. Pause.

En posture de relaxation active, vous allez, maintenant, pratiquer une activation vitale. Pour cela, à l'inspiration, vous mobiliserez la chaleur de votre corps, douce activation de l'énergie, dilatation des vaisseaux et à l'expiration, activation, augmentation de la chaleur, de la circulation dans tout votre corps.

Vous soufflez. Inspirez doucement la chaleur, l'énergie, la force vitale de votre circulation. Et avec une expiration, vous stimulez en renforçant la chaleur, la température, la circulation dans vos organes, dans votre cerveau, dans votre thyroïde, dans votre cœur, dans vos poumons, dans vos organes génitaux. Vous vivez en vous la stimulation de vos organes et, avec votre respiration, vous faites diffuser dans tout votre corps.

Maintenant, peut-être vous est-il possible de retrouver un moment de votre vie particulièrement agréable. Peut-être avec votre (vos) enfant(s), au théâtre, au cinéma, à un concert, ou toutes autres situations positives, sans produit ou pulsion d'aucune sorte.

Votre situation positive vous envahie de lumière, vous ressentez cette bonne énergie, cette sérénité, ce bonheur indescriptible qui est en vous quand vous êtes vous-même. Peut-être ressentez-vous de la plénitude, une douce chaleur, un bien-être qui transpire par tous les pores de votre peau, en bonne santé. Laissez les sensations venir à vous. Imprégnez vous de ce bonheur que vous vivez en toute liberté. Laissez les phénomènes vous gagner, sans les juger. Sentez comme il est bon de lâcher prise. Repensez à ses instants de vie qui vous ont plaisamment marqués. C'est très bien. Continuez à votre rythme. Vous allez pouvoir conserver vos sensations le temps qu'il vous plaira pour cette fois. À force de pratique, les phénomènes devraient se présenter à vous plus rapidement et les sensations pourront persister beaucoup plus longtemps.

Quand vous le voudrez, vous pourrez vous préparer à remonter au niveau habituel de vigilance. À retrouver votre tonus musculaire.

Tranquillement, calmement, en respirant profondément une 1re fois, puis une 2e, en remuant vos orteils, vos jambes. Respirez profondément une 3e fois. Remuez vos bras, vos poignés. Etirez-vous. Serrez vos poings. Grimacez. Prenez la position qui vous fait plaisir. Baillez et quand vous le voudrez, ouvrez les yeux, lentement, sur la beauté du monde qui vous entoure.

La boulimie nerveuse

A) Vous etes boulimique ?

Définition officielle d'après le DSM IV (manuel de référence américain des maladies mentales) :

A. Présence d'épisodes récurrents d'hyperphagie incontrôlée. Un épisode d'hyperphagie incontrôlée consiste en :

1. Des prises **alimentaires**, dans un temps court, inférieur à 2 heures, d'une quantité de nourriture largement supérieure à celle que la plupart des personnes mangeraient dans le même temps et dans les mêmes circonstances.

2. Une impression de ne pas avoir le contrôle des quantités ingérées ou la possibilité de s'arrêter.

B. Le sujet met en œuvre des comportements compensatoires visant à éviter la prise de poids (vomissements provoqués, prises de laxatifs ou de diurétiques, jeûnes, exercice excessif).

C. Les épisodes d'hyperphagie incontrôlée et les comportements compensatoires pour prévenir une prise de poids ont eu lieu en moyenne deux fois par semaine durant au moins trois mois.

D. Le jugement porté sur soi-même est indûment influencé par la forme et le poids du corps.

E. Le trouble ne survient pas au cours d'une anorexie mentale.

Épidémiologie

– 1 à 2 % de la population féminine,

– 5 à 10 % de la population féminine étudiante,

– sexe ratio : 9 cas sur 10 sont des femmes,

– âge de survenue : 14-15 ans et 17-19 ans.

Signes cliniques

– crise de boulimie 2 fois par semaine pendant au moins trois mois,

– perte de contrôle durant la crise,

– comportement compensatoire récurrent pour prévenir de la crise (vomissements provoqués, laxatifs, diurétique, jeûne, exercices physique intense…),

– estime de soi exagérément influencée par la silhouette.

Troubles associés

L'accès est consécutif à tout ce qui évoque la séparation ou la carence affective.

Crise en 3 temps

Période d'excitation

– angoisse, tension, excitation,

– solitude, stress.

L'accès

– Voracité entraînant un gobage massif et rapide d'aliments riches en calories, sans même prendre le temps de mastiquer.

– Un rituel accompagne l'accès, ainsi que des dépenses élevées.

Fin de l'accès

– dure de 1 à 2 h 00 selon que l'individu boulimique ait tout englouti ou qu'elle est été perturbé dans son rituel,

– pendant la crise, rassasiement ayant pour conséquence d'importantes douleurs abdominales (environ la moitié des anorexiques sont des boulimiques et des vomisseuses),

– après la crise, constriction, regret, mal être qui peut parfois être accompagnée d'une forte envie de vouloir en finir avec la vie. La personne boulimique tend à se protéger en se coupant du monde par le sommeil, et en s'adonnant à d'autres dépendances, qui lui donne le sentiment de la calmer, tel que l'alcool, les vomissements.

Autres conséquences : irritabilité, anxiété, dépression.

Troubles psychiatriques : dépression, tentative de suicide, suicide.

Évolution

L'évolution chronique fréquente (plusieurs années). Périodes de rechute et de rémission.

Complications

– production importante d'acide gastrique provoqué par les vomissements a répétition, ayant pour conséquence des caries, des gingivites et une hypokaliémie,

– œsophagite, reflux gastro-œsophagien,

– présence de callosité sur le dos de la main (syndrome de Russel).

– déformation au niveau de l'index et du majeur,

– dysménorrhées (absence de menstruation).

Il ne faut surtout pas tenter de se soigner sans être suivi médicalement.

Diagnostics différentiels

– Phagomanie (grignotage).

– hyperphagie (appétit effréné pendant le repas),

– gloutonneries alimentaires liées à une pathologie tumorale (cérébrale),

– pica (absorption prolongé de substances impropres à la consommation),

– envies de femme enceinte.

B) METHODES PROPOSEES :

Dans votre position assise de confort, vous fermez les yeux pour mieux vous isolez du monde extérieur.

Avec vos yeux fermés, votre corps relâché, vous prenez conscience de la forme de votre tête. Vous relâchez, tous les muscles de votre visage, de votre front, de vos yeux, de vos joues, de vos lèvres, de votre bouche, de votre menton.

Vos mains se relâchent complètement. Relâchement des muscles de votre nuque et votre cou. Conscience de la forme de vos épaules, de vos bras sans tension.

Relâchement de votre thorax, toute votre paroi thoracique se détend pour laisser plus de place à votre cœur, à vos poumons en train de se détendre. Détente qui se prolonge de vos bras, jusqu'à la paume de vos mains.

Conscience de la forme de votre abdomen, de sa respiration calme et naturelle. De votre dos relâché.

Relâchez maintenant le bas de votre corps, votre bassin, votre périnée (pour les femmes), vos fessiers. Vos pieds sont bien en contact avec le sol.

Vous approfondissez la détente de tout votre corps en relâchant tous les muscles de votre colonne vertébrale. Cet arbre de vie qui vous relie à tous les systèmes de votre corps. Vous vous laissez aller très profondément. Vous pouvez, maintenant, vous préparer à vivre votre posture de relaxation active, plus en avant sur votre chaise, votre dos bien droit, vos mains sur vos cuisses pour bien vivre la présence de votre corps dans cette posture. Inspiration, rétention, tension douce de votre corps dans la posture, expulsion de l'air, récupération.

Vous allez maintenant pratiquer le déplacement du négatif sur l'ensemble de votre corps. Je vous indique comment le pratiquer. Après avoir inspiré de l'air, en rétention, vous effectuerez une tension douce à chaque système, en essayant de percevoir les zones d'inconfort, de crispation, et à l'expiration, vous expulserez tout le négatif de cette zone. Dans les expirations qui suivent, vous renforcerez cette expulsion du négatif. Si vous le voulez bien, vous soufflez, inspiration vous montez vos bras à la verticale, doigts entrecroisés, paumes vers le ciel, rétention d'air et tension douce jusqu'à la résistance confortable, expulsion.

Vous amenez, tout doucement, vos mains devant votre front, vous posez délicatement vos mains sur votre front, légère tension et déplacement du négatif.

Vos mains vont descendre sur votre thyroïde, expulsion du négatif,

Vous amenez vos mains sur votre sternum, prise de conscience après une légère tension et un déplacement du négatif.

Votre ombilic, prise de conscience, tension douce et déplacement du négatif.

Votre bas-ventre, expulsion du négatif. Pour terminer ce déplacement du négatif, vous allez le pratiquer sur tout votre corps. Pour cela, vous mettez vos mains, doigts croisés derrière la nuque, vous effectuerez une tension douce de tout le corps en arc de cercle, en arrière, en appuyant bien sur vos talons, pour bien prendre conscience de votre corps dans sa totalité. Et quand vous le souhaitez, après avoir décroisé vos mains, vous pouvez vous asseoir dans votre position de confort. Pause.

En posture de relaxation active, vous allez, maintenant, pratiquer une activation vitale.

Pour cela, à l'inspiration, vous mobiliserez la chaleur de votre corps, douce activation de l'énergie, dilatation des vaisseaux, et à l'expiration, activation, augmentation de la chaleur, de la circulation dans tout votre corps. Vous soufflez. Inspirez doucement la chaleur, l'énergie, la force vitale de votre circulation. Et avec une expiration, vous stimulez en renforçant la chaleur, la température, la circulation dans vos organes, dans votre cerveau, dans votre thyroïde, dans votre cœur, dans vos poumons, dans vos organes génitaux. Vous vivez en vous la stimulation de vos organes et avec votre respiration vous faites diffuser dans tout votre corps. Et fort de l'activation de toute l'énergie de votre corps, je vous invite à accueillir une situation particulièrement joyeuse, choisissez une situation dans laquelle vous vous sentez bien, vous laissez se fixer tous les éléments que cette situation entraîne. Vous laissez venir tout le confort dans chacun de vos systèmes, confort qui se vit dans tout votre corps.

Vous allez accueillir en vous votre geste, un geste simple que vous pouvez faire, peut être avec votre main ou votre pied, ou tout autre endroit de votre corps particulièrement confortable, et tout en vivant cette situation plaisante, vous laissez doucement ce geste s'installer en vous. Laissez votre conscience s'inscrire dans ce geste et avec lui toutes les sensations positives. La situation vient se vivre au niveau de votre geste, vous accueillez à cet endroit de votre corps toutes les sensations sans les juger. À chaque inspiration, vous renforcez ce bien-être. À chaque expiration, vous l'envoyez dans votre geste. À chaque inspiration, vous renforcez toutes les sensations corporelles et à chaque expiration, vous venez l'offrir à votre geste, il devient le bien-être.

Quand vous voulez, vous laissez partir votre situation. Vous ne gardez que votre geste. À l'inspiration, vous pratiquez votre geste, puis à l'expiration, vous relâchez automatiquement votre visage, vos épaules et vos bras, tout votre corps, détente, lâcher prise. Plusieurs fois, si vous le voulez bien.

Maintenant, à votre rythme, vous pouvez quitter votre geste, vous le placez dans un champ de votre conscience où vous pourrez le rechercher quand vous voudrez. Très tranquillement vous allez maintenant laisser venir une situation stressante, mais pas trop pour commencer, une situation qui génère en vous, dans votre vie une petite contrariété. Ne la laissez pas vous envahir, pour cela, vous laissez venir votre geste avec son contenu positif. Faites le en inspirant, puis, à l'expiration, vous relâchez automatiquement votre visage, vos épaules et vos bras, tout votre corps. Détente, lâcher prise. Plusieurs fois, si vous le voulez bien. Votre situation stressante change d'aspect, vous vivez le soulagement émotionnel qui se produit en vous, vous sentez que vous prenez vos distances avec votre situation. Vous êtes toujours présent, mais les phénomènes qui se vivent sont maîtrisés, vous relativisez, laissez venir tous les possibles. Refaites votre geste si besoin. Vous vivez la libération des tensions. Votre geste vous libère, il vous redonne calme et sérénité et vous permet de laisser venir vos propres stratégies. Vous sentez que vous savez mieux respirer maintenant face à l'événement. Vivez les phénomènes. Vous posez votre acte de vie qui est de vous libérer, de vous dominer, de vous sentir fort. Votre acte, votre geste de libération de l'emprise du stress, votre geste de vie. Quelques instants pour vivre les phénomènes que vous envoie votre corps. Détente de votre tête, de vos épaules, de votre thorax. Tout votre corps est sans tension. Pause. Vous vivez tous les moments forts de cette séance.

Vous en profitez pour renforcer vos sensations de bien-être ainsi que vos trois capacités, de confiance, d'harmonie physique et mentale et d'espoir, de projets.

Quand vous le voulez, vous pouvez pratiquer votre reprise de tension musculaire. Vous faites trois respirations profondes, douce reprise de tension musculaire au niveau de vos pieds, de vos jambes, de votre bassin. Douce reprise de tension au niveau de votre ventre, de votre anneau lombaire. Douce reprise de tension au niveau de votre thorax, de la face interne de vos bras. Douce reprise de tension au niveau de vos bras, de votre cou, de votre nuque. Au niveau de votre visage, vous pouvez vous étirer, bailler et à votre rythme ouvrez vos yeux.

C) ET

Dans votre position assise de confort, vous fermez les yeux pour mieux vous isolez du monde extérieur (pour mieux vous concentrer sur ce que vous allez vivre comme sensations, au cours de la séance).

Avec vos yeux fermés, votre corps relâché, vous prenez conscience de la forme de votre tête. Vous relâchez, tous les muscles de votre visage, de votre front, de vos yeux, de vos joues, de vos lèvres, de votre bouche, de votre menton.

Vos mains se relâchent complètement. Relâchement des muscles de votre nuque et de votre cou. Conscience de la forme de vos épaules, de vos bras sans tension.

Relâchement de votre thorax, toute votre paroi thoracique se détend pour laisser plus de place à votre cœur, à vos poumons en train de se détendre. Détente

qui se prolonge de vos bras, jusqu'à la paume de vos mains.

Conscience de la forme de votre abdomen, de sa respiration calme et naturelle. De votre dos relâché.

Relâchez maintenant le bas de votre corps, de votre bassin, de votre périnée (pour les femmes), de vos fessiers. Vos pieds sont bien en contact avec le sol.

Vous approfondissez la détente de tout votre corps en relâchant tous les muscles de votre colonne vertébrale. Cet arbre de vie qui vous relie à tous les systèmes de votre corps. Vous vous laissez aller très profondément.

Vous pouvez, maintenant, vous préparer à vivre la posture de relaxation active, plus en avant sur votre chaise, votre dos bien droit, vos mains sur vos cuisses pour bien vivre la présence de votre corps dans cette posture. Inspiration, rétention, tension douce de votre corps dans la posture, expulsion de l'air, récupération. Vous allez maintenant pratiquer le déplacement du négatif sur l'ensemble de votre corps. Je vous indique comment le pratiquer. Après avoir inspiré de l'air, en rétention, vous effectuerez une tension douce à chaque point d'intégration, en essayant de percevoir les zones d'inconfort, de crispation, et à l'expiration, vous expulserez tout le négatif de cette zone. Dans les expirations qui suivent, vous renforcerez cette expulsion du négatif.

Si vous le voulez bien, vous soufflez, inspiration vous montez vos bras à la verticale, doigts entrecroisés, paumes vers le ciel, rétention d'air et tension douce jusqu'à la résistance confortable, expulsion. Vous amenez, tout doucement, vos mains devant votre front, vous posez délicatement vos mains sur votre front, légère tension et déplacement du négatif.

Vos mains vont descendre sur votre thyroïde, expulsion du négatif.

Vous amenez vos mains sur votre sternum, prise de conscience après une légère tension et un déplacement du négatif.

Votre ombilic, prise de conscience, tension douce et déplacement du négatif.

Votre bas-ventre, légère tension et expulsion du négatif.

Pour terminer ce déplacement du négatif, vous allez le pratiquer sur tout votre corps. Pour cela, vous mettez vos mains, doigts croisés derrière votre nuque, vous effectuerez une tension douce de tout votre corps en arc de cercle, en arrière, en appuyant bien sur vos talons, pour bien prendre conscience de votre corps dans sa totalité. Et quand vous le souhaitez, après avoir décroisé vos mains, vous pouvez vous asseoir dans votre posture de confort. Pause.

En posture de relaxation active, vous allez, maintenant, pratiquer une activation vitale.

Pour cela, à l'inspiration, vous mobiliserez la chaleur de votre corps, douce activation de l'énergie, dilatation des vaisseaux, et à l'expiration, activation, augmentation de la chaleur, de la circulation dans tout votre corps. Vous soufflez. Inspirez doucement la chaleur, l'énergie, la force vitale de votre circulation. Et avec une expiration, vous stimulez en renforçant la chaleur, la température, la circulation dans vos organes, dans votre cerveau, dans votre thyroïde, dans votre cœur, dans vos poumons, dans vos organes génitaux. Vous vivez en vous la stimulation de vos organes et avec votre respiration vous faites diffuser dans tout votre corps.

Et fort de l'activation de toute l'énergie de votre corps, je vous invite à accueillir une situation particulièrement agréable, choisissez une situation dans laquelle vous êtes particulièrement confortable, vous laissez se fixer tous les éléments que cette situation engendre.

Vous allez maintenant essayer de vivre l'acceptation progressive avec tout votre corps, tous vos organes. Pour cela vous allez laisser venir une situation dans un proche avenir, une situation qui vous tient à cœur, mais qui vous préoccupe car elle va exiger de vous un effort, une situation que vous vous apprêté à franchir, cela peut-être votre guérison, vous choisissez votre situation. Quand vous l'avez trouvé, vous la fixez et vous allez la vivre dans une réalisation positive anticipée. Vous allez situer immédiatement après cette situation qui vient de se dérouler remarquablement, vous vivez la satisfaction de l'avoir franchie avec toute la satisfaction que cela évoque pour vous. Vous sentez dans votre corps quelles sont les sensations qui se vivent dans vos différents systèmes, dans les différentes parties de votre corps après la réalisation favorable de cet événement, laissez venir tous les possibles. Plus précisément au niveau de votre front, de votre thyroïde, du 3e système, du 4e système, du 5e système. Enfin vous vivez avec tout votre corps, mais aussi votre esprit, entre autre le sentiment de bonheur. Vous vivez maintenant votre situation. Vous vous situez au début de l'épisode et vous allez laisser se vivre son histoire. À chaque fois que vous aurez un moment délicat, vous pourrez soit faire un déplacement du négatif, soit laisser venir un contenu positif. N'hésitez pas, à faire trois respirations profondes, expulsion en déplacement du négatif et en respiration synchronique. Laissez venir à vous tous les phénomènes que vie votre corps dans cette rencontre. Vous pouvez même envisager votre situation dans ses détails, vous sentez peut-être en une puissance, une paix intérieure, une énergie qui émane de tout votre corps. Laissez tout cela circuler en vous. Vous êtes maître de vos potentiels, de vos projets, et de votre corps. Votre corps peut même être vécu comme un corps de vie irradiant. Vous prenez tout votre temps pour laisser venir les phénomènes.

Si certains sont un peu pénibles, vous respirez tranquillement en respiration abdominale, vous pouvez aussi faire votre geste, par exemple, à expiration, vous relâcher votre visage, vos épaules et vos bras, et puis vous trouvez à l'intérieur de vous-même la stratégie qui vous permet de dominer ce phénomène, tant avec votre corps que vous sentez présent, fort, solide, qu'avec votre esprit. Vous trouvez en vous, une stratégie, une technique qui vous permet de dépasser cet obstacle. Présence de votre corps, force vive qui soutient votre esprit. Vous vivez les stratégies qui vous apparaissent. Plus précisément au niveau de votre front, de votre thyroïde, de votre sternum, de votre ombilic, de votre bas-ventre. Vous prenez tout votre temps pour vivre les phénomènes que vous envoie votre corps. Pause.

Quand vous le souhaiterez, vous pratiquerez votre reprise de tension musculaire, après avoir évoqué vos trois capacités, de confiance, d'harmonie physique et mentale et d'espoir, de projets, qui doivent êtres particulièrement présentes après cette séance.

Le fumeur

A) VOUS ETES FUMEUR ?

Définition

« Le tabagisme peut être défini comme un comportement renforcé par une dépendance pharmacologique dont la nicotine est responsable. Si l'entrée dans le tabagisme est la conséquence de pressions sociologiques et culturelles, sa persistance est favorisée par le développement d'une double dépendance :

– pharmacologique : la dépendance au tabac est authentifiée par l'apparition d'une tolérance et des symptômes de sevrage ;

– non pharmacologique : le fumeur continue de fumer malgré le risque reconnu de sa pratique et une pression sociale et environnementale négative.

Ces deux dépendances peuvent ou non coexister chez un même sujet, voire être absentes chez certains ».

(Source : Conférence de consensus sur le sevrage tabagique, octobre 1998, Paris).

Épidémiologie

Aujourd'hui, la part des décès attribuables au tabac, toutes causes confondues et tous âges confondus est de 21 % chez les hommes contre 3 % chez les femmes. (Source : INPES : Institut National de Prévention et d'Education pour la santé).

Le tabagisme est la première cause de mortalité évitable en France. Le tabagisme en France a été en 1990 directement responsable de 60 000 décès par an (55 000 hommes et 5 000 femmes) soit 10 à 12 % de la mortalité globale. D'ici 2015 la mortalité liée au tabac devrait doubler.

Environ un fumeur sur deux meurt d'une maladie favorisée ou causée par le tabagisme.

(Source : AFSSAPS. Les stratégies thérapeutique médicamenteuses et non-médicamenteuses de l'aide à l'arrêt du tabac ; 2003).

Mécanisme de dépendance tabagique

Le mécanisme de la dépendance tabagique reste encore un mystère pour les chercheurs. Seule certitude : la nicotine fait partie de ce mécanisme. En effet, la nicotine possède une molécule qui se fixe aux protéines présentes à la surface des cellules nerveuses, les récepteurs nicotiniques à l'acétylcholine. Ces récepteurs, qui sont en fait des canaux, s'ouvrent en présence de nicotine. Ce qui a pour conséquence une multitude d'événements qui conduisent à la libération de l'hormone dopamine dans le noyau accumbens. Comme toutes les autres dépendances et addictions, la nicotine est une drogue qui dope « le circuit de récompense » et qui gratifie ainsi d'un sentiment de satisfaction. Pendant le sevrage tabagique, l'organisme « implore » sa dose de nicotine pour satisfaire cette sensation. L'environnement du fumeur à son importance dans sa dépendance. Les rites et les gestes associés à la cigarette renforcent et sont autant de signe susceptible de provoquer un besoin irrésistible de fumer.

Inégaux face à la dépendance

Il semblerait que des facteurs génétiques prédisposent au tabagisme. La première cigarette en dégoûte certains et en attire d'autres. Les scientifiques qui avancent ce type d'hypothèses ne sont pas encore à même pour autant de citer précisément les gènes impliqués. Toutefois, trois grandes classes de facteurs génétiques sont reconnues :

– classe 1 : elle concerne les gènes impliqués dans la destruction de la dopamine (et éventuellement d'autres substances). Plus ces molécules sont dégradées rapidement après leur libération, plus vite on ressent le manque,

– classe 2 : il s'agit des gènes impliqués dans le mode d'action de la nicotine et éventuellement d'autres molécules contenues dans la fumée de cigarette,

– classe 3 : tous les gènes impliqués dans la sensibilité aux odeurs, aux goûts, au stress…

La quête d'émotions, d'originalité est un des facteurs qui dirige vers les cigarettes. Des études récentes tendent à montrer qu'il y a plus de fumeurs chez les personnes ayant des antécédents de dépression ou de troubles anxieux que dans la population générale. Il apparaît, aujourd'hui, selon les spécialistes que les facteurs à l'origine du tabagisme pourrait être les mêmes que ceux à l'origine de certains troubles psychologiques.

Dépendance et substituts nicotiniques

Le fumeur motivé se voit proposer bon nombre de substituts nicotiniques, ce qui lui permet de multiplier ses chances de réussite par deux car ils fournissent au cerveau du fumeur une quantité de nicotine suffisante pour lui éviter les symptômes de manque.

Le fumeur est plus serein à contrario de ce qu'il a pu imaginer, et il redécouvre très vite une multitude de sensations positives.

Dépendance physique

Originaire des pays chauds, cette plante herbacée possède de larges feuilles riches en nicotine et en composés aromatiques. C'est cette même nicotine qui engendre une forte dépendance. À plus forte raison que les fabricants sont parvenus à dénaturer la feuille de tabac en y ajoutant des produits chimiques ciblés comme l'ammoniac car elle permet à la nicotine d'atteindre plus rapidement le cerveau.

Il faut savoir qu'une cigarette allumée libère plus de 4000 produits toxiques, dont 50 sont reconnus comme cancérigènes, et qui se répartissent en une phase gazeuse et une phase particulaire.

Ainsi, lorsque vous allumez une cigarette, vous inhalez entre autres

– un liquide inflammable, hautement toxique et irritant : l'acétaldéhyde,

– un solvant utilisé dans la fabrication des plastiques, du caoutchouc, de l'acrylique et d'insecticides : l'acétonitrile,

– un composant utilisé dans la fabrication de tissus et du cuir : l'acide formique,

– un liquide toxique aux vapeurs irritantes et cancérigènes : l'acroléine,

– un composé alcalin utilisé dans la fabrication d'explosifs, de fertilisants et de désinfectants : l'ammoniac,

– un gaz toxique utilisé dans la production du caoutchouc et des solvants à peinture : le chlorure de méthyle,

– un poison utilisé pour exécuter les condamnés à mort : le cyanure d'hydrogène,

– un gaz irritant utilisé comme désinfectant et cancérigène reconnu : le formaldéhyde (Formol),

– un alcool toxique utilisé dans la fabrication d'antigel, de carburants, de résines et de drogues : le méthanol,

– un asphyxiant qui réduit l'oxygénation des tissus organiques : monoxyde de carbone,

– un groupe de gaz irritants et parfois toxiques qui, combinés aux hydrocarbures, produisent le « smog » : l'oxyde nitreux,

– un composé acide extrêmement toxique : le phénol,

– un liquide utilisé comme désinfectant : le propionaldéhyde,

– un liquide inflammable utilisé dans les bactéricides et insecticides : la pyridine,

– un gaz toxique produit naturellement par la matière en décomposition : le sulfite d'hydrogène,

– et bien sûr ce fameux poison utilisé en tant qu'insecticide : la nicotine.

On y trouve aussi de l'acide cyanhydrique, de l'arsenic, des hydrocarbures (benzène et benzopyrène), du butane, des métaux lourds, des radicaux libres…

Toutes ces substances sont classées en quatre groupes :

– **La nicotine :** c'est un liquide incolore qui se volatilise sous la chaleur. Son absorption est maximale lors de l'inhalation ; elle atteint le cerveau en 5 secondes. Ce composant de la phase particulaire induit la dépendance et l'accoutumance. C'est un poison très violent, 8 gouttes de nicotine pure suffisent pour tuer un cheval en quelques minutes.

– **Le CO :** le monoxyde de carbone est le gaz le plus dangereux ; il se fixe 200 fois mieux sur l'hémoglobine du globule rouge que l'oxygène et traverse la barrière placentaire. Il va léser les cellules endothéliales des artères et générer l'athérosclérose.

– **Les goudrons :** ils sont responsables d'au moins 30 % des cancers humains car il provoque des mutations de gènes. Il affecte le système d'épuration pulmonaire et le système immunitaire.

– **Les irritants :** composants toxiques de la phase particulaire, ils déstabilisent nos défenses immunitaires.

Le syndrome de sevrage

Le syndrome de sevrage est le résultat de l'arrêt brutal ou de la diminution importante des apports de nicotine chez un fumeur en état de dépendance physique.

Les symptômes de sevrage se font sentir environ 24 heures après l'arrêt de la consommation :

– humeur triste,
– insomnie,
– irritabilité,
– frustration,
– colère,
– anxiété,
– agitation,
– difficultés de concentration intellectuelle,
– pensée obsédante de la cigarette,
– ralentissement du pouls,
– augmentation de l'appétit. (Source : gsk.fr).

C'est là que la sophrologie vous permet d'atténuer ces symptômes et de contrôler la faim afin d'éviter une prise de poids.

Dépendance rituelle

Elle se traduit par une association d'activité liée à la cigarette, tel que boire son café, prendre un verre, un apéritif ou un digestif, attendre une personne, travailler à l'ordinateur, discuter au téléphone, en conduisant, à la fin d'un repas, quand on s'ennuie, etc.…Votre subconscient a mémorisé toutes ces activités et associations de sorte qu'il ne peut plus les dissocier de la cigarette. La sophrologie permet de déprogrammer ces rituels et associations pour changer vos comportements.

Dépendance psychologique

Le stress, la contrariété, l'ennuie, entre autre, sont autant de facteur déclanchant à la consommation de cigarette. Celle-là même qui, contrairement à ce que beaucoup de fumeurs pensent, est un excitant et non pas une bouffée de sérénité. La nicotine est un régulateur synthétique temporaire de l'humeur. La cigarette ne permet pas de différer votre problème et encore moins de le résoudre. Avec la sophrologie, une motivation et une implication sans faille, vous avez la possibilité de vous libérer de votre dépendance et des symptômes consécutifs au sevrage, définitivement et en douceur.

B) METHODE PROPOSEE :

Dans votre position assise de confort, vous fermez les yeux pour mieux vous isolez du monde extérieur (pour mieux vous concentrer sur votre les phénomènes que va vous envoyer votre corps durant la séance).

Avec vos yeux fermés, votre corps relâché, vous prenez conscience de la forme de votre tête.
Vous relâchez, tous les muscles de votre visage, de votre front, de vos yeux, de vos joues, de vos lèvres, de votre bouche, de votre menton.

Vos mains se relâchent complètement. Relâchement des muscles de votre nuque et de votre cou. Conscience de la forme de vos épaules, de vos bras sans tension.

Relâchement de votre thorax, toute votre paroi thoracique se détend pour laisser plus de place à votre cœur, à vos poumons en train de se détendre. Détente

qui se prolonge de vos bras, jusqu'à la paume de vos mains.

Conscience de la forme de votre abdomen, de sa respiration calme et naturelle. De votre dos relâché.

Relâchez maintenant le bas de votre corps, votre bassin, votre périnée (pour les femmes), vos fessiers.

Vos pieds sont bien en contact avec le sol.

Vous approfondissez la détente de tout votre corps en relâchant tous les muscles de votre colonne vertébrale. Cet arbre de vie qui vous relie à tous les systèmes de votre corps. Vous vous laissez aller très profondément.

Vous pouvez, maintenant, vous préparer à vivre la posture de relaxation active, plus en avant sur votre chaise, votre dos bien droit, vos mains sur vos cuisses pour bien vivre la présence de votre corps dans cette posture. Inspiration, rétention, tension douce de votre corps dans la posture, expulsion de l'air, récupération. Vous allez maintenant pratiquer le déplacement du négatif sur l'ensemble de votre corps. Je vous indique comment le pratiquer. Après avoir inspiré de l'air, en rétention, vous effectuerez une tension douce à chaque point d'intégration, en essayant de percevoir les zones de contraction, et à l'expiration, vous expulserez tout le négatif de cette zone. Dans les expirations qui suivent, vous renforcerez cette expulsion du négatif.

Si vous le voulez bien, vous soufflez, inspiration vous montez vos bras à la verticale, doigts entrecroisés, paumes vers le ciel, rétention d'air et tension douce jusqu'à la résistance confortable, expulsion.

Vous amenez, tout doucement, vos mains devant votre 1er point d'intégration, devant votre front, vous posez délicatement vos mains sur votre front, légère tension et déplacement du négatif.

Vos mains vont descendre sur votre thyroïde, expulsion du négatif.

Vous amenez vos mains sur votre sternum, prise de conscience et après une légère tension et un déplacement du négatif.
Votre ombilic, prise de conscience, tension douce et déplacement du négatif.

Votre bas-ventre, légère tension, expulsion du négatif.

Pour terminer ce déplacement du négatif, vous allez le pratiquer sur tout votre corps. Pour cela, vous mettez vos mains, doigts croisés derrière votre nuque, vous effectuerez une tension douce de tout le corps en arc de cercle, en arrière, en appuyant bien sur vos talons, pour bien prendre conscience de votre corps dans sa totalité. Et quand vous le souhaitez, après avoir décroisé vos mains, vous pouvez vous asseoir en posture de relaxation active. Pause.

En posture de relaxation active, vous allez, maintenant, pratiquer une activation vitale.

Pour cela, à l'inspiration, vous mobiliserez la chaleur de votre corps, douce activation de l'énergie, dilatation des vaisseaux, et à l'expiration, activation, augmentation de la chaleur, de la circulation dans tout votre corps.

Vous soufflez. Inspirez doucement la chaleur, l'énergie, la force vitale de votre circulation. Et avec une expiration, vous stimulez en renforçant la chaleur, la température, la circulation dans vos organes, dans votre cerveau, dans votre thyroïde, dans votre cœur, dans vos poumons, dans vos organes génitaux. Vous vivez en vous la stimulation de vos organes et avec votre respiration vous faites diffuser dans tout votre corps.

Et fort de l'activation de toute l'énergie de votre corps, je vous invite à accueillir une situation particulièrement plaisante, choisissez une situation dans laquelle vous êtes particulièrement confortable, vous laissez se fixer tous les éléments que cette situation produit. Vous laissez venir tout le confort dans chacun de vos systèmes, tout le bien-être de cette situation qui se vit dans tout votre corps.

Prenez tout votre temps pour vivre le bien-être de cette situation et dans cet état de bien-être et de confort, vous allez accueillir en vous votre geste secours, un geste simple que vous pouvez faire en toute circonstance, peut être avec votre main ou votre pied, ou tout autre endroit de votre corps particulièrement confortable, et tout en vivant cette situation positive, vous laissez votre geste se faire en vous, s'installer. Laissez votre conscience s'inscrire dans ce geste et avec lui toutes les sensations positives, vous y vivez le bien-être de l'instant. La situation vient se vivre au niveau du geste, vous accueillez à cet endroit de votre corps toutes les sensations.

À chaque inspiration, vous renforcez ce bien-être. À chaque expiration, vous l'envoyez dans le geste. À chaque inspiration, vous renforcez toutes les sensations corporelles et à chaque expiration, vous venez l'offrir à votre geste, il devient le bien-être.
Quand vous voulez, vous laissez partir cette situation. Vous ne gardez que le geste. Il garde en lui toute la

force tout le bonheur tout le bien-être de la situation, et toute la confiance. À l'inspiration, vous pratiquez votre geste, puis à l'expiration, vous relâchez automatiquement votre visage, vos épaules et vos bras, tout votre corps, détente, lâcher prise. Plusieurs fois, si vous le voulez bien.

Maintenant quand vous voulez à votre rythme, vous pouvez quitter votre geste, vous le replacez dans un champ de votre conscience où vous pourrez le rechercher quand vous voudrez. Très tranquillement vous allez maintenant laisser venir une situation stressante, pas trop stressante pour commencer, une situation qui génère en vous une petite contrariété.

Maintenant vous ne la laissez pas vous envahir, vous laissez venir le geste avec son contenu positif. Faites le réellement en inspirant, maintenant, à l'expiration, vous relâchez automatiquement votre visage, vos épaules et vos bras, tout votre corps. Détente. Lâcher prise. Plusieurs fois, si vous le voulez bien.

La situation stressante change de visage, vous vivez l'amortissement émotionnel qui se produit en vous, vous sentez que vous prenez vos distances avec la situation. Vous êtes toujours présent, mais les phénomènes qui se vivent sont moins difficiles, un sourire, vous relativisez, laissez venir tous les possibles. Refaites le geste si besoin. Vivez la libération de tension. Le geste vous libère des tensions, il vous redonne de l'apaisement et vous permet de laisser venir vos propres stratégies, vous sentez que vous savez mieux respirer maintenant face à l'événement. Vivez des phénomènes. Vous posez votre acte de vie qui est de vous libérer, de vous dominer, de vous sentir fort. Votre acte, votre geste de libération de l'emprise du stress, votre geste de vie. Quelques instants pour vivre les messages que vous envoie votre corps.

Détente de la tête, des épaules, du thorax, tout votre corps est sans tension. Pause. Vous vivez tous les moments forts de cette séance.

Vous en profitez pour renforcer vos sensations de bien-être, vos capacités de confiance, d'harmonie et d'espoir. Quand vous le voulez, vous pouvez pratiquer votre reprise de tension musculaire.

Vous faites trois respirations profondes. Douce reprise de tension musculaire au niveau de vos pieds, de vos jambes, votre bassin. Douce reprise de tension au niveau de votre ventre, de votre anneau lombaire. Douce reprise de tension au niveau de votre thorax, de la face interne de vos bras. Douce reprise de tension de vos bras, de votre cou, de votre nuque. Au niveau de votre visage. Vous pouvez vous étirer, bailler et à votre rythme, ouvrir les yeux.

Les joueurs inveteres

A) Vous etes joueurs ?

Définition et caractéristiques du jeu pathologique

Le DSM 3R (manuel diagnostique et statistique des troubles mentaux) a définit la passion du joueur comme une véritable maladie mentale.

Le jeu pathologique (ou « passion morbide du jeu ») est considéré comme un comportement inadapté comportant 9 critères de diagnostic, dont 4 sont suffisants pour l'établir :

– grande fréquence de jeu, avec enjeux importants,

– préoccupation obsédante,

– besoin d'augmenter la fréquence et l'importance des paris pour en tirer un état d'excitation suffisant,

– agitation et irritabilité quand le besoin de jouer n'est pas satisfait,

– parties d'argent répétées, avec tentatives vaines de regagner l'argent perdu,

– efforts répétés pour s'arrêter de jouer, sans y parvenir,

– recours au jeu pour des échéances sociales ou professionnelles,

– sacrifice d'autres activités sociales, familiales ou professionnelles,

– poursuite du jeu en dépit de l'incapacité financière de pouvoir s'acquitter de dettes de plus en plus importantes.

L'attitude du joueur pathologique face au jeu est comme toute dépendance, emporté et inapproprié. Dans la majorité des cas, cela engendre des conséquences tragiques.

La démarche du joueur, est l'exaltation provoquée par le désir du jeu, non pas l'appât du gain. Exaltation qu'il ne peut, ni ne veut dominer.

La « passion morbide du jeu » incite le joueur, malgré lui, à sacrifier tous ses centres d'intérêts. Il en est même enclin à voler ou à escroquer pour satisfaire son « virus » du jeu.

Le dernier recours du joueur pathologique, pour s'en sortir, est de se faire interdire de casinos.

Portraits du jeu pathologique

Particularités

Il existe six particularités du joueur pathologique :

1. Jouer régulièrement (facteur quantitatif). Comme pour l'alcoolisme, la question est ici de savoir à partir de quand le sujet joue « trop ».

2. Le joueur ne vie que pour et par le jeu.

3. Optimisme, malgré les échecs répétés.

4. Le joueur n'interrompt jamais tant qu'il gagne.

5. Le joueur prendre trop de risques, malgré ses bonnes intentions de départ.

6. Il existe chez le joueur un vécu personnel de « thrill » (sensation de frisson, excitation, de tension tant pénible qu'agréable), durant les phases de jeu.

Relations de comorbidité

Le parcours du joueur

Il est généralement admis que le joueur pathologique passe par une série de phases stéréotypées :

– phase de gain (winning phase) : c'est l'engagement dans le monde du jeu, avec peut-être la croyance que les gains vont pouvoir résoudre toutes les difficultés existentielles préexistantes. Mais il est aussi possible de faire l'hypothèse que le gain, la rencontre avec la chance, a sinon le rôle traumatique d'une « rencontre avec le réel », du moins celui d'une déstabilisation, d'une perte des repères antérieurs,

– phase de perte (loosing phase) : le joueur va rejouer pour tenter de « se refaire ». On pourrait souligner ici l'apparition d'une dimension de besoin : besoin d'abord d'argent, reporté sur l'idée de gagner à nouveau, besoin ensuite simplement de rejouer,

– phase de désespoir (desperation phase). Longtemps, c'est dans le jeu que le sujet cherche la solution de difficultés qui s'accumulent.

L'ensemble de ces phases s'étend sur plusieurs années, de 10 à 15 ans, favorisant l'assimilation métaphorique du jeu pathologique à une maladie physique progressive.

Il n'y aurait alors que quatre types d'issues à cette situation :

– le suicide,

– la délinquance et l'incarcération,

– la fuite,

– ou l'appel à l'aide.

Ici encore, le parallèle s'impose avec les toxicomanies. Dans celles-ci, il est en effet classique d'admettre que la prise de drogues est d'abord vécue subjectivement de façon très positive : c'est la découverte du plaisir, du « flash », de la « planète », puis la classique lune de miel. La dépendance même peut, à certaines périodes et chez certains sujets, jouer le rôle d'une forme d'adaptation, voire d'automédication. C'est plus tard, après que la prise de drogues ne semble plus correspondre qu'à la satisfaction d'un besoin, et que tous les autres investissements se sont évanouis, que le sujet tentera de changer, de façons diverses. Selon la formule des Alcooliques Anonymes, il faut toucher le fond pour réellement vouloir changer, et s'en sortir.

Cette description par phases serait l'une des bases d'une description de type médical du jeu, qui peut apparaître comme une maladie progressive, aux étapes prévisibles.

Vue du « joueur compulsif »

Elle serait caractérisée par les éléments suivants :

1/ il y a un phénomène unique qui peut être nommé « jeu compulsif »,

2/ les compulsifs sont qualitativement différents des autres joueurs,

3/ les compulsifs manifestent progressivement une « perte de contrôle » qui les rend incapables d'arrêter de jouer,

4/ le jeu compulsif est un état progressif qui suit un développement inexorable à travers une série de phases distinctes :

– a/ le succès initial, accentué par un « gros score », conduit à l'attente irréaliste que des gains encore plus grands seront obtenus par une augmentation du jeu,.

– b/ avec l'augmentation du jeu, le succès diminue,

– c/ le besoin de continuer à jouer devient une compulsion dévorante,

– d/ la conception de l'argent se change en moyen plutôt qu'en fin,

– e/ le joueur souffre de troubles psychologiques – des sentiments de culpabilité inconscients le mènent à une situation où il est incapable de s'arrêter quand il gagne,

– f/ le stade suivant est celui de la quête (chasse),

– g/ des tentatives fréquentes d'abstinence,

– h/ le joueur touche le fond,

5/ Le jeu compulsif est une condition permanente et irréversible. Le seul « traitement » est l'abstinence totale et irréversible.

Épidémiologie, profils sociologiques

Les études en population générale tendent à démontrer que le jeu pathologique est relativement répandu, et note que le trouble est plus fréquent chez l'homme que chez la femme.

Il est important de noter que cette prévalence du jeu pathologique est nettement plus importante dans les pays ou les États dans lesquels le jeu est légalisé.

Les études indiquent aussi qu'il s'agit d'une problématique surtout masculine, jeune (surreprésentation des étudiants), et qui touche particulièrement les couches socialement défavorisées ou minoritaires de la population.

Le fait que le jeu pathologique soit avant tout masculin, comme d'ailleurs les toxicomanies aux drogues illicites, et, de façon moins nette aujourd'hui, l'alcoolisme, n'est pas sans poser un certain nombre de questions.

Le jeu pathologique en France

Très forte surreprésentation des hommes (plus de 90 % des sujets), un âge de 25 à 44 ans, la tranche la plus représentée étant les 40-44 ans.

Une majorité de ces joueurs sont mariés, et ont des enfants.

La plupart ne jouent qu'à un seul jeu, les femmes surtout aux machines à sous.

Une majorité de ces joueurs sont surendettés, et l'altération des relations conjugales est une conséquence fréquente.

Près de 20 % des joueurs ont commis des délits.

Comorbidité psychiatrique

Dépression et états maniaques ou hypomaniaques.

Les dépenses inconsidérées sont l'un des premiers symptômes classiquement décrits en psychiatrie dans les débuts d'un épisode maniaque ou hypomaniaque, qu'il entre ou non dans le cadre d'un trouble bipolaire (psychose maniaco-dépressive).

Les études épidémiologiques ou cliniques tendent à montrer une importante relation, entre la dépression et le jeu pathologique.

Personnalités antisociales

La délinquance est un élément fréquemment retrouvé dans les cas de jeu pathologique. Le D.S.M. insiste sur cette dimension, après avoir (dans sa troisième version), exclu les « troubles de la personnalité antisociale », du cadre du jeu pathologique. Selon le D.S.M. IIIR, « Les problèmes liés au jeu sont souvent associés à la personnalité antisociale, et, dans le jeu pathologique, le comportement antisocial est fréquent. Lorsque les deux troubles sont présents, les deux diagnostics doivent être faits ».

(Source : psydoc-fr.broca.inserm.fr).

B) METHODE PROPOSEE :

Dans votre position assise de confort, vous fermez les yeux pour mieux vous isolez du monde extérieur (pour mieux vous concentrer sur les messages que vous envoie votre corps durant la séance).

Avec vos yeux fermés, votre corps relâché, vous prenez conscience de la forme de votre tête.
Vous relâchez, tous les muscles de votre visage, de votre front, de vos yeux, de vos joues, de vos lèvres, de votre bouche, de votre menton.

Vos mains se relâchent complètement. Relâchement des muscles de votre nuque et de votre cou. Conscience de la forme de vos épaules, de vos bras sans tension.

Relâchement de votre thorax, toute votre paroi thoracique se détend pour laisser plus de place à votre cœur, à vos poumons en train de se détendre. Détente qui se prolonge de vos bras, jusqu'à la paume de vos mains.

Conscience de la forme de votre abdomen, de sa respiration calme et naturelle. De votre dos relâché.

Relâchez maintenant le bas de votre corps, votre bassin, votre périnée (pour les femmes), vos fessiers. Vos pieds sont bien en contact avec le sol.

Vous approfondissez la détente de tout votre corps en relâchant tous les muscles de votre colonne vertébrale. Cet arbre de vie qui vous relie à tous les systèmes de votre corps. Vous vous laissez aller très profondément.

Vous pouvez, maintenant, vous préparer à vivre la posture de relaxation active, plus en avant sur votre chaise, votre dos bien droit, vos mains sur vos cuisses pour bien vivre la présence de votre corps dans cette posture. Inspiration, rétention, tension douce de votre corps dans la posture, expulsion de l'air, récupération. Vous allez maintenant pratiquer le déplacement du négatif sur l'ensemble de votre corps. Je vous indique comment le pratiquer. Après avoir inspiré de l'air, en rétention, vous effectuerez une tension douce à chaque système, en essayant de percevoir les zones de contraction, et à l'expiration, vous expulserez tout le négatif de cette zone. Dans les expirations qui suivent, vous renforcerez cette expulsion du négatif.

Si vous le voulez bien, vous soufflez, inspiration vous montez vos bras à la verticale, doigts entrecroisés, paumes vers le ciel, rétention d'air et tension douce jusqu'à la résistance confortable, expulsion. Vous amenez, tout doucement, vos mains devant votre 1er point d'intégration, devant votre front, vous posez délicatement vos mains sur votre front, légère tension et déplacement du négatif.

Vos mains vont descendre sur votre thyroïde, expulsion du négatif.

Vous amenez vos mains sur votre sternum, prise de conscience après une légère tension et un déplacement du négatif.

Votre ombilic, prise de conscience, tension douce et déplacement du négatif.

Votre bas-ventre, légère tension et expulsion du négatif.

Pour terminer ce déplacement du négatif, vous allez le pratiquer sur tout votre corps.

Pour cela, vous mettez vos mains, doigts croisés derrière la nuque, vous effectuerez une tension douce de tout votre corps en arc de cercle, en arrière, en appuyant bien sur vos talons, pour bien prendre conscience de votre corps dans sa totalité.

Et quand vous le souhaitez, après avoir décroisé vos mains, vous pouvez vous asseoir en posture de relaxation. Pause.

En posture de relaxation active, vous allez, maintenant, pratiquer une activation vitale. Pour cela, à l'inspiration, vous mobiliserez la chaleur de votre corps, douce activation de l'énergie, dilatation des vaisseaux, et à l'expiration, activation, augmentation de la chaleur, de la circulation dans tout votre corps. Vous soufflez. Inspirez doucement la chaleur, l'énergie, la force vitale de votre circulation. Et avec une expiration, vous stimulez en renforçant la chaleur, la température, la circulation dans vos organes, dans votre cerveau, dans votre thyroïde, dans votre cœur, dans vos poumons, dans vos organes génitaux. Vous vivez en vous la stimulation de vos organes et avec votre respiration vous faites diffuser dans tout votre corps.

Maintenant, peut-être vous est-il possible de retrouver un moment de votre vie particulièrement agréable sans substance. Peut-être avec votre enfant, au théâtre, au cinéma, à un concert, ou toutes autres situations positives, sans produit ou pulsion d'aucune sorte.

Votre situation positive vous envahie de lumière, vous ressentez cette bonne énergie, cette sérénité, ce bonheur indescriptible qui est en vous quand vous êtes vous même. Peut-être ressentez-vous de la plénitude, une douce chaleur, un bien-être qui transpire par tous les pores de votre peau, en bonne santé. Laissez les sensations venir à vous. Imprégnez vous de ce bonheur que vous vivez, sans dépendance, en toute liberté. Laissez les phénomènes vous gagner, en surface, en profondeur, sans les juger. Sentez comme il est bon de lâcher prise.

Repensez à ses instants de vie qui vous ont plaisamment marqués. C'est très bien. Continuez à votre rythme. Vous allez pouvoir conserver vos sensations le temps qu'il vous plaira pour cette fois. Peut-être vont-elles augmenter encore un peu après la séance. La prochaine fois, les phénomènes seront plus rapides à venir et les sensations pourront persister beaucoup plus longtemps.

Quand vous le voudrez, vous pourrez vous préparer à remonter au niveau habituel de vigilance, à retrouver votre tonus musculaire. Tranquillement, calmement, en respirant profondément une 1re fois, puis une 2e fois, en remuant vos orteils, vos jambes. Respirez profondément une 3e fois. Remuez vos bas, vos poignets. Etirez-vous. Serrez vos poings si vous en avez envie. Grimacez. Prenez la position qui vous fait plaisir. Baillez et quand vous le voudrez, ouvrez vos yeux sur la beauté du monde qui vous entoure.

La maladie alcoolique

A) VOUS ETES ALCOOLIQUE ?

Généralités

1950 selon l'OMS : « Toute absorption d'alcool qui excède la consommation alimentaire traditionnelle courante ou qui dépasse le cadre des habitudes sociales. »

On parle d'1/4L pour les femmes et d'1/2L pour les hommes.

Épidémiologie

40 000 à 50 000 morts par an, soit environ 10 % de la mortalité globale (14 % des décès sont masculins, 3 % féminins).

La maladie alcoolique est la 3e cause de décès en France.

Surmortalité chez les jeunes actifs.

Les boissons

L'alcoolique à toujours une boisson idéale. Cela est généralement dû aux souvenirs plaisants que celle-ci a engendrés, mais aussi aux habitudes locales et au prix de revient.

Dépendances

Dépendance psychique : désir impérieux de répéter la prise de la substance.

Dépendance physique : syndrome de sevrage :

– tachycardie, tremblements, nausées, vomissements, insomnie, tachypnée.

– accidents graves de sevrage : crise convulsive, delirium tremens.

C'est pourquoi il ne faut surtout pas tenter de se sevrer sans être suivi médicalement.

Doses admissibles (usage à risque)

Homme : 21 verres/semaine.

– 4 verres pour les occasions.

Femme : 14 verres/semaine.

– 3 verres pour les occasions.

Cela correspond à, environ 12 cl de vin, 1 bière de 33 cl, 2,5 cc de whisky (= 10 g d'alcool pur).

Les diverses phases d'alcoolisation

Alcoolisation primaire

Quelques éléments de la personnalité : emportement, immaturité, troubles du comportement (instabilités affective, professionnelle, penchant à rechercher des sensations fortes).

Alcoolisation secondaire

Les troubles psychiatriques apparaissent en premier.

Étiologie

Aucune étude à l'heure actuelle, n'arrive à expliquer pas pourquoi on devient dépendant ou addict.

On pense qu'il y a un état vulnérable (vulnérabilité cérébrale), vulnérabilité par rapport à la vie ; fragilité génétique. On parle de facteurs de dépendance ou d'addiction.

Facteurs psychologiques

– faiblesse du Moi, immaturité affective, impossibilité de dire non : personnalité dépendante des autres,

– troubles de la personnalité, angoisse, intolérance à la frustration : quête de sensation forte (alcoolisme secondaire).

Facteurs génétiques

Il existerait maints gènes qui favorisent l'addiction, mais on peut être malade sans avoir les gènes. Ce n'est pas de la prédisposition, mais de la vulnérabilité.

Facteurs environnementaux

Famille.

Facteurs culturels et socioprofessionnels

– profession à risque,

– métier de bouche,

– évènement de la vie (tant douloureux qu'heureux),

– Initiation à l'alcool.

Ce qui existe dans l'alcool et qui rend alcoolique

L'alcool se trouve dans le sang 30 à 60 min après avoir bu.

Taux d'alcoolémie : quantité en g d'alcool / (poids en kg * 0,6 pour une femme ou 0,7 pour un homme).

Le métabolisme de l'alcool est surtout hépatique (90 %). Les reins, les urines, la sueur et les poumons éliminent une faible quantité d'alcool.

Éffets recherchés

Renforcement positif : vise à éprouver du plaisir.

Renforcement négatif : déplaisir.

On peut cependant boire pour se protéger de sa timidité.

La constitution du buveur

Caractéristiques semblables aux les toxicomanes :

– désir,

– assuétude,

– prédilection pour la voie orale du plaisir,

– nécessité de se faire mal.

Caractéristiques similaires avec les toxicomanes et les psychopathes

Immaturité

– tolérance à la frustration,

– difficulté à repousser un plaisir ou à y renoncer,

– besoin de dépendance ou soumission,

– besoin de réassurance,

– mauvaise maîtrise de l'agressivité.

En règle générale

– impuissance à prendre des décisions, influençable,

– difficulté à s'affirmer face à autrui, à s'opposer par crainte d'être rejeté,

– difficulté à s'impliquer dans un projet,

– accepte des taches désagréables ou dévalorisantes dans le but d'être reconnu et apprécié par autrui,

– ne supporte pas la solitude,

– ne supporte pas les ruptures,

– a toujours peur d'être abandonné,

– toute critique est toujours vécue comme blessante.

Symptômes de l'intoxication alcoolique aigue.

Ivresse simple

– excitation intellectuelle et motrice,

– incoordination des mouvements et de la parole,

– sensation d'euphorie ou tristesse,

– loquacité, logorrhée,

– diminution du contrôle de soi avec parfois une instabilité agressive,

– haleine alcoolisée,

– alcoolémie > 1 ou 2 g/l,

– vomissements,

– incontinence sphinctérienne,

– confusion de la conscience pouvant aller jusqu'au coma,

– au réveil : amnésie, céphalées,

– il n'y a pas de corrélation entre l'ivresse et l'état psychique.

Coma alcoolique

Le coma alcoolique apparaît généralement lors d'une alcoolémie > 3 g/l

et entraîne un coma sévère avec :

– hypotension,

– dépression respiratoire,

– tendance au collapsus.

Lors de la sortie du coma, s'installe une amnésie lacunaire de l'épisode comateux.

Ivresse pathologique ou ivresse à répétition

Il apparaît que l'ivresse prenne des formes ordinaires comme dans l'ivresse simple, mais rendant ainsi l'utilisateur vulnérable à des réactions furieuses, excito-motrices, délirantes ou encore dépressives.

On retrouve :

– crises excito-motrices avec violence, fureur paroxystique : raptus (accès brutal de fureur) suicidaire ou hétéro-agressivité),

– syndrome confuso-délirant,

– hallucinations visuelles, auditives,

– thèmes délirants (jalousie, persécution, mégalomanie).

Intoxication alcoolique chronique

Si l'intoxication alcoolique aigue peut survenir ou non sur fond d'intoxication chronique, inversement l'intoxication alcoolique chronique ne peut jamais avoir été précédé ou accompagnée d'intoxication aigue.

Présentation particulière de l'alcoolisme

– faciès congestionné et couperosé,

– conjonctives injectées et sub-ictériques,

– haleine d'odeur particulière, aromatique ou alcoolisée,

– tremblements des doigts, des lèvres ou de la langue.

Complications de l'alcoolisme chronique : les accidents de sevrage

Ils font leurs apparitions dans les jours qui suivent l'arrêt ou une diminution significative de la consommation habituelle.

Ils sont de gravité variable et sont liés au degré de dépendance physique à l'alcool, lui-même lié à la durée et à la sévérité de l'intoxication.

Le syndrome hyperesthésique, hyperémotif

Ils attestent la dépendance alcoolique, émergeant le matin et s'évaporent à la prise d'alcool :

– symptôme neuromusculaire : tremblements, crampes, paresthésie,

– symptôme digestif : anorexie, vomissement, nausées, diarrhées,

– symptôme neurovégétatif : sueurs, tachycardie,

– symptôme psychique : inquiétude diffuse, hyperémotivité, irritabilité, lacunes mnésiques éphémères.

L'hallucinose des buveurs

État hallucinatoire se manifestant sans perturbations de la conscience et sans désorientation.

Le delirium tremens

Il peut mettre le pronostic vital en jeu et nécessite le transport en réanimation dans les cas les plus graves.

État confusionnel et délirant d'origine toxique comportant de nombreuses complications somatiques.

Il peut s'installer brusquement et/ou peut être précédé de prodromes :

– crises convulsives,

– tremblements,

– anorexie,

– soif intense,

– anxiété croissante,

– insomnie avec onirisme (état délirant caractérisé par des hallucinations),

– agitation nocturne.

Signes du delirium tremens

État confuso-onirique avec grande agitation.

– obnubilation,

– désorientation,

– amnésie de tout type (fixation et antérograde),

– hallucinations polysensorielles à prédominance visuelle (enchaînement scénique, scénario terrifiant), auditives (voix, clameurs, menaces), cénesthésique (milliers de petites bêtes sur la peau).

L'obscurité favorise ses troubles.

L'agitation est intense, épuisante pour le malade : il participe activement à ses péripéties.

Des gestes agressifs sont à craindre ainsi qu'une réaction de fuite liée à la panique anxieuse (défénestration).

Signes neurologiques

– tremblement intense généralisé, permanent, irrégulier : dysarthrie,

– incoordination motrice,

– troubles de l'équilibre avec chutes et démarche vacillante.

Signes généraux

– température constante, modérée ou élevée,

– tachycardie,

– déshydratation (langue rôtie, soif intense, sueurs abondantes),

– parfois diarrhées et vomissements.

Les troubles somatiques

Hépato digestif :

– stéatose hépatique,

– hépatite alcoolique aigue,

– cirrhose,

– gastrite,

– ulcère gastro-duodénal,

– pancréatite,

– hypoglycémie,

– œsophagite,

– ulcération de l'œsophage.

Cardio-vasculaires :

– HTA,

– troubles du rythme cardiaque AC/FA (arythmie cardiaque par fibrillation auriculaire).

Neurologiques :

– polynévrite sensitivomotrice,
– névrite optique rétro bulbaire,
– hématome intra cérébraux,
– hémorragie méningée.

Les troubles neuropsychiques

Encéphalopathie de Gayet-Wernicke : origine carentielle en vitamine B1, déficit en thiamine.

– troubles de la conscience (torpeur, agitation confuso-onirique),

– troubles occulomoteurs (nystagmus, parésie bilatérale),

– hypertonie oppositionnelle, incoordination motrice et troubles de l'équilibre,

– troubles végétatifs : tachycardie, hypotension, risque de collapsus,

– signes de polynévrites ;

Syndrome de Korsakoff :

– atteinte de la mémoire : amnésie antérograde (oubli au fur et à mesure), désorientation, fabulation, anosognosie habituelle (inconscience du trouble),

– polynévrite sensitivomotrice.

Démences alcooliques : maladie de Marchiwa-Bignami.

Délires chroniques : (dans le cas d'alcoolisme secondaire).

– délires interprétatifs de la jalousie, délire paranoïaque interprétatif où la suspicion naît de rien, Surtout chez les hommes. Peut s'installer de façon permanente avec risque de passage à l'acte hétéro-agrassif (crime passionnel).

Les troubles psychiatriques

Dépression :

– 90 % des alcooliques sont dépressifs, mais dépressifs secondaires car le sevrage stoppe la dépression.

– 10 % sont d'abord dépressif.

Le syndrome d'alcoolisation fœtale

Malformations du fœtus

– physique : visage en tête de requin, microsomie,

– morphologique,

– neurologique (retard mentaux pouvant allé à la débilité profonde).

Méthode proposée :

Vous vous installez confortablement dans votre position assise de confort. Vous pouvez fermer vos yeux pour vous isoler du monde extérieur. Vous allez prendre conscience de la détente de votre corps, concentrez-vous sur votre front. Conscience de la forme de votre visage détendu, de toute votre tête sans tension.

Concentrez vous sur la région antérieure du cou, conscience de la forme de votre cou, de votre nuque, de la partie extérieure de vos épaules, de la partie externe de vos bras sans tensions, relâchées.

Vous pouvez vous centrer maintenant sur votre sternum. Conscience de votre thorax sans tension, conscience de la partie intérieure de vos bras sans tension, de vos mains.

Concentrez vous sur votre ombilic. Région ombilicale sans tension.

Vous allez maintenant vous centrer sur votre bas-ventre, et vivre toute cette zone, cette zone pelvienne sans tension, relâchée, également vos muscles fessiers, les muscles de vos membres inférieurs sans tension.

Tout votre corps est détendu, prenez conscience de la détente globale de votre corps, de son équilibre, de sa respiration, de la présence de votre corps dans votre conscience sans tension. Vivez l'instant en posture de relaxation active, cet instant profond du bonheur de l'être.

Quelques moments de déplacement du négatif abrégé. Concentrez vous sur votre front. Si vous le voulez, vous faites une très légère stimulation corporelle, vous évacuez le négatif, déplacement du négatif sur votre thyroïde, puis sur votre sternum. Vous vous centrez sur votre votre ombilic, une petite stimulation corporelle, et évacuation du négatif. Déplacement du négatif maintenant sur votre bas-ventre. Vous vivez maintenant la présence de tout votre corps dans la conscience. Maintenant posture de relaxation active, prenez conscience de la forme de votre corps dans la posture.

Quelques moments de stimulation vitale. Vous commencez par votre tête avec la respiration synchronique. Douce stimulation. Vous mobilisez l'énergie, de toutes les cellules qui nourrissent votre tête. Votre peau, votre visage et votre cuir chevelus. Les muscles de votre visage, vos os, vous réveillez la présence de vos tissus. Maintenant, vos organes, votre cerveau. Devant, le lobe frontal qui permet de prévoir, de délibérer, au-dessus le lobe pariétal, celui des mouvements physique, des perceptions, en arrière le lobe occipital, celui de la vision, du schéma corporel, en dessous le lobe temporal celui de la mémoire lointaine, des aires de l'émotions, vivez pleinement votre cerveau. La vie de vos 5 sens se déroule en vous. Stimulation vitale des 5 sens.

Stimulation vitale en respiration synchronique sur la région du cou. Vous mobilisez l'énergie, de toutes les cellules. Au niveau de votre peau, de vos muscles, stimulation vitale. Réveillez les cellules de vos tissus. Appelez les phénomènes pour les préparer au programme d'amélioration de votre santé.

Maintenant stimulez les organes de votre système et spécialement votre thyroïde, mais aussi vos os, les structures osseuses, les vertèbres cervicales et tous les tissus. Stimulation vitale. C'est une douce mobilisation de vos cellules dont on ignorait la participation consciente.

Stimulation vitale en respiration synchronique sur la région de vos épaules. Vous mobilisez l'énergie du système, de toutes les cellules du système. De l'un des systèmes le plus important de notre vie. Commencez toujours par votre peau et les muscles du système. Stimulation vitale, des organes du système. Vous êtes déjà en présence des cellules responsables de la vie au niveau de votre cœur, au niveau de vos tissus du système circulatoire, au niveau de vos poumons, de votre thymus. Stimulation vitale douce, renforcement des cellules de votre cœur. Renforcement agréable, tonifiant, bienfaisant.

Stimulation vitale au niveau des organes de votre ombilic. Maintenant de vos os, de la structure osseuse de votre système, vos vertèbres de la colonne vertébrale, au niveau de votre sternum, de tous les tissus osseux. Stimulation vitale de tous les tissus du système. Stimulation vitale en respiration synchronique. Vous mobilisez l'énergie du système, de toutes les cellules du système. Au niveau de votre peau, de vos muscles, Stimulation vitale. Vos organes vitaux, stimulation vitale, votre foie, votre rate, vos reins. Au niveau de votre peau, de vos muscles, stimulation vitale. Maintenant vos os, les structures osseuses de ce système, stimulation vitale.

Stimulation vitale en respiration synchronique. Vous mobilisez l'énergie, de toutes les cellules. Le bas-ventre où se trouve l'énergie génétique. Votre peau, vos muscles, stimulation vitale. vos organes vitaux, ceux de la vie, de la régénération, maintenant vos os, stimulation vitale. Pour activer les phénomènes que vit votre en posture de relaxation active, tension IRTER de tout votre corps, expulsion. Posture de relaxation active.

Vous êtes préparé, votre corps est prêt pour se vivre en bonne santé, avec le maximum d'énergie vitale. Toues vos cellules sont appelées à vivre ce programme.

Activation de la valeur

C'est une proposition biologique qui est faite, avec ce programme qui va mobiliser les valeurs fondamentales de l'être.

Vous allez choisir librement, la valeur que vous voulez mobiliser, la pleine santé physique, le bon fonctionnement d'un organe vital, ou d'un tissu donné.

Maintenant vous allez faire corps avec votre valeur. Vous vous imaginez le plus en forme possible. Vous essayez, librement, de programmer votre valeur dans une situation possible présente qui peut se dérouler actuellement. Chacune de vos cellules fonctionnent le mieux possible.

Vous essayez de mobiliser cette valeur pour obtenir ce dont vous avez besoin dans une circonstance possible. Essayez de vous programmer avec toutes les cellules de votre corps.

Ce n'est pas seulement un programme au niveau cérébral toutes vos cellules sont prêtes pour le vivre. Essayez de visualiser, de vivre cette valeur, vos cellules vont vous aider. Toutes les cellules vont participer dans le programme.

Ce sont vos cellules qui commencent à participer à votre pleine santé physique. Dans une nouvelle forme d'existence. Vous accueillerez toutes les sensations de bien être que la situation vous apporte.

Projection de la valeur

Maintenant vous allez projeter cette valeur, la pleine santé physique, le bon fonctionnement de vos organes, de vos tissus, librement dans une période de quelques mois, ou de quelques années. Chacun de vous fait son propre programme de futurisation.

Projetez la situation dans une réalisation possible à court terme ou à moyen terme, comme vous le voulez. Essayez de vivre cette situation dans l'avenir. C'est un programme que vous offrez directement à toutes vos cellules. Vous vivez la sensation de bien être, de confort que vous ouvre cette nouvelle possibilité qu'est la santé, le fonctionnement harmonieux de vos cellules.

Maintenant vous ne pensez plus à votre programme, vous prenez conscience de votre corps dans la posture, de vos tissus, de vos cellules qui vont désormais vivre en toute sérénité avec vous. Relaxe en position de relaxation, votre dos contre la chaise. Relaxez votre visage, vos épaules, et vos bras. Pause. Vous allez commencer à exister avec toutes vos cellules et vos cellules vont vous donner la force et la confiance pour l'avenir.

Avec un sentiment d'intégration et un sentiment nouveau, vous allez terminer la séance, comme toujours, en activant vos capacités, de confiance en vous-même, d'harmonie corps esprit et d'espoir, de projets pour une existence pleine de valeurs pour vous-même, pour les êtres qui vous sont chers, pour vos amis.

Vous pratiquez maintenant votre reprise de tension musculaire.

Vous faites trois respirations profondes, douce reprise de tension musculaire au niveau de vos pieds, de vos jambes, de votre bassin. Douce reprise de tension au niveau de votre ventre de votre anneau lombaire. Douce reprise de tension au niveau de votre thorax, de la face interne de vos bras. Douce reprise de tension au niveau système, de vos bras, de votre cou, de votre nuque. Au niveau de votre visage, vous pouvez vous étirer, bailler et à votre rythme, ouvrir les yeux.

L'anorexie mentale

A) VOUS ETES ANOREXIQUE ?

Définition

Affection de longue durée, touchant en priorité l'adolescent de 12 à 20 ans, et pouvant engager le pronostic vital. L'anorexie mentale est une conduite de restriction alimentaire volontaire.

Mode d'installation

– traumatisme affectif, conflit latent, affectif et sexuel (refus de la féminité et/ou déception sentimentale.), conflits professionnels, échecs aux examens,

– troubles alimentaires et troubles intestinaux.

Épidémiologie

Incidence annuelle de l'affection : 8 pour 100 000.

– 0,1 à 0,5 % de la population féminine entre 16 et 20 ans,

– prévalence : environ 40 000 en France,

– sexe ratio : 1 homme pour 10 femmes. Prédominance féminine,

– âge d'apparition : 13-14 ans et 16-17ans.

Signes cliniques

Amaigrissement

– >25 % du poids,

– cachexie, fonte musculaire massive, fonte du pannicule adipeux, effacement des formes féminines,

– ongles secs et cassants, hypertrichose (développement de la pilosité),

– œdèmes dans les formes carentielles graves. BMI ou IMC : P/T^2 (P = Poids en kg, T = taille en mètres) normal entre 18 et 24 pour une femme (homme : 19-25).

L'anorexie mentale conduit à une restriction alimentaire. Elle débute par une lutte acharnée contre la faim qui va ensuite laisser place à une vraie anorexie du à l'intolérance digestive.

L'anorexie mentale débute généralement par un régime. L'anorexique trie ses aliments et calcul les apports caloriques.

Autre type d'anorexie, restrictive ou purgative se traduisant par des vomissements, la prise de laxatifs et de diurétiques.

Les vomissements sont très dangereux, car ils entraînent une baisse de potassium, qui entraîne à son tour un risque de troubles du rythme voire un arrêt cardiaque.

Conscience

Critères diagnostics

– rejet total quant à garder le poids corporel minimum normal pour l'âge et pour la taille (poids < 85 % du poids normal),

– peur intense de prendre du poids,

– perception corporelle déformée,

– absence de règles pendant au moins 3 mois consécutifs.

Conduites associées

– stratégie de maîtrise du poids se caractérisant par de l'hyperactivité physique, des vomissements, des purges…,

– vision déformée de l'image du corps du à l'ignorance ou au déni de la maigreur, grande peur de prendre du poids, sentiment et crainte d'être toujours trop grosse,

– dysmorphoesthésies localisées au niveau de la poitrine, de ventre, des hanches et des cuisses,

– hyperactivité tant physique qu'intellectuelle,

– volonté de trouver des situations particulièrement difficiles est de les accomplir sans repos, ni détente, avec la plus part du temps un sommeil de courte durée.

– sexualité inhibée.

Problématique familiale

– mère hyper protectrice, inquiète ; père effacé et permissif,

– l'alimentation devient le centre des préoccupations familiales,

– la maigreur et le dépérissement vont conduire le milieu familial à réagir,

– l'anorexique va réagir de façon énergique avec des attitudes d'opposition et adopter des attitudes tyranniques, manipulatrices.

Formes cliniques

– masculines. 10 % des cas (troubles de l'identité sexuée),

– pré pubères (débute vers 10ans). 8 % des cas. Provoque des retards de croissance,

– féminine (plus de 25ans). Forte dimension dépressive.

Complications somatiques liées à la dénutrition

– aspect cachectique, corps tout en os,

– troubles circulatoires : œdème de carence, cyanose des extrémités.

– déshydratation,

– altération de l'état dentaire,

– perturbation des bilans biologiques.

– ostéoporose (fractures…),

– ralentissement de la croissance, infertilité.

– troubles psychiatriques (dépression, suicide, boulimie, toxicomanie, alcoolisme),

– chronicisation, rechute.

– décès.

Évolution

– guérison complète : 60 à 70 %,

– processus long qui s'étale sur plusieurs années,

– addictions : boulimie, toxicomanie, alcoolisme, dépression, suicide.

Il ne faut surtout pas tenter de se soigner sans être suivi médicalement.

B) METHODE PROPOSEE :

Dans votre position assise de confort, vous fermez les yeux pour mieux vous concentrer sur les messages que va vous envoyer votre corps pendant la séance.

Avec vos yeux fermés, votre corps relâché, vous prenez conscience tout d'abord de la forme de votre tête, de votre visage sans tension.

Conscience de la forme de vos épaules, de vos bras, de vos avant-bras sans tension. Vos mains se relâchent complètement. Relâchement de vos trapèzes, des muscles de votre nuque et de votre cou. Vous pouvez rechercher une position d'équilibre de votre tête. Votre nuque se relâche complètement, très profondément. Conscience de la forme de votre cou et de votre nuque sans tension.

Relâchement votre thorax, toute votre paroi thoracique se détend pour laisser plus de place à votre cœur, à vos poumons en train de se détendre. La détente se prolonge sur toute la face interne de vos bras, jusqu'à la paume de vos mains sans tension.

Votre abdomen, et tout votre anneau abdominal se relâchent, conscience de la forme de votre abdomen, de sa respiration calme et naturelle. De votre dos relâché. Relâchez maintenant le bas de votre corps, votre bassin, votre périnée (pour les femmes), vos fessiers, vos cuisses se relâchent, vos jambes bien verticales, vos pieds bien en contact avec le sol.

Vous approfondissez la détente de tout votre corps en relâchant tous les muscles de votre colonne vertébrale, cet arbre de vie qui relie toutes les régions de votre corps. Vous laissez aller très profondément, au bord du sommeil.

Vous pouvez vous préparer à vivre votre posture de relaxation active, plus en avant sur votre chaise, votre dos bien droit, vos mains sur vos cuisses pour bien vivre la présence de votre corps dans la conscience.

Vous allez maintenant pratiquer le déplacement du négatif sur l'ensemble de votre corps. Je vous indique comment le pratiquer. Après avoir inspiré l'air, en rétention, vous effectuerez une tension douce de chaque région du corps en essayant de percevoir les zones de pression, les zones de tension, de tiraillement, de fourmillements, d'inconfort, et, à l'expiration, vous expulserez tout le négatif de cette zone. Dans les expirations qui suivent, vous renforcerez cette expulsion du négatif. C'est une lecture des tensions internes de votre corps.

Vous allez commencer par votre visage. Je vous explique d'abord. Vous soufflez, lors de l'inspiration, vous placez vos mains au niveau de votre front, tête légèrement en arrière, rétention, tension douce de tout votre visage en essayant de percevoir les zones difficiles, les zones de tension et à l'expiration, vous expulserez le négatif en soufflant. Maintenant, vous soufflez, inspiration, vous placez vos mains au niveau de votre front sur le 1er système, tête légèrement en arrière, rétention, tension douce de tout votre visage en essayant de percevoir les zones de tension et à l'expiration, vous expulsez le négatif en soufflant. Pendant la respiration libre et naturelle qui suit, vous continuez à évacuer le négatif. Maintenant vous placez vos mains sur vos cuisses, quelques moments de pause. Essayez de vivre la sensation de détente, de bien-être dans votre visage.

Maintenant, vous allez déplacer le négatif au niveau de votre cou, pendant votre inspiration, vous allez vous concentrer sur votre cou, votre nuque, vos épaules et vos bras jusqu'au bout de vos doigts, Pour vous aider, vous pouvez placer vos doigts au niveau de la face antérieure de votre cou. Maintenant vous soufflez, inspiration, rétention et tension douce de votre cou, de votre nuque, de vos épaules, de vos bras, de vos avant-bras jusqu'au bout de vos doigts pour bien en prendre conscience, percevez les zones de tension interne, expulsion, et vous évacuez le négatif en soufflant. Pendant la respiration libre et naturelle, vous continuez à évacuer le négatif. Maintenant vous placez de nouveau vos mains sur vos cuisses, vous faites quelques pressions de vos mains sur vos cuisses pour vivre la présence permanente de votre corps dans la conscience. Pause. Essayez de vivre la présence de cette zone.

Maintenant, vous allez vous concentrer sur la région de votre sternum. Pour vous aider, vous placez vos doigts au niveau de votre sternum. Pour déplacer le négatif vous effectuerez une tension du buste en mobilisant vos coudes vers l'arrière comme s'ils voulaient se toucher fortement. Maintenant vous soufflez, inspiration, rétention de vos coudes en arrière, tension douce de votre thorax, de votre dos, lecture du négatif, soufflez, vous évacuez ce négatif. Pendant la respiration libre et naturelle, vous continuez à évacuer. Sentiment de libération de toutes les tensions. Maintenant vous placez vos mains sur vos cuisses de nouveau avec une douce pression, qui permet toujours de vivre la présence de votre corps. Pause. Essayez de vivre la présence de cette zone.

Et maintenant, concentration sur la région de votre ombilic. Vous placez vos mains sur votre ventre, vous appuyez pour bien le percevoir, vous soufflez, inspiration, rétention, tension douce, de tout votre anneau abdominal, prise de conscience sous vos doigts, des zones de crispation, soufflez, expulsion du négatif, nettoyage de toute votre cavité abdominale. Relaxe, à chaque expiration, vous vous débarrassez des tensions. Essayez de libérer toutes les tensions. Placez vos mains sur vos cuisses. Sentiment de bien-être, de confort, sentiment d'intégration.

Maintenant vous allez vous concentrer sur la région de votre bas-ventre, vos mains sur votre bas-ventre. Vous soufflez, inspiration, rétention, tension douce de toute la partie basse de votre corps jusqu'au bout de vos orteils, localisez les tensions dans votre bassin, dans vos jambes. Expulsez l'air, évacuez toutes les tensions qui peuvent exister à ce niveau. Pendant la respiration libre et naturelle, vous continuez à évacuer le négatif qui éventuellement persisterait. Pause.

Pour terminer ce déplacement du négatif, vous allez le pratiquer sur tout votre corps. Essayez, de vivre tout votre corps, vivre la présence de votre corps dans la conscience. Déplacement du négatif de votre corps. Pour cela, vous pourrez mettre vos mains, doigts croisés derrière votre nuque, vous effectuerez une tension de tout votre corps en arc de cercle en arrière, en appuyant sur vos talons, pour bien prendre la mesure de votre corps en totalité. Si vous le voulez bien, vous soufflez, inspiration, rétention de l'air, tension douce de tout votre corps en arc de cercle, votre visage, vos épaules et vos bras, votre cou et votre nuque, votre thorax, votre abdomen, la partie inférieure de votre corps jusqu'au bout de vos pieds. Prise de conscience des zones de crispation, expulsion, relaxe. Vous évacuez les derniers éléments de tensions négatifs pouvant encore exister. Pendant la respiration libre et naturelle, vous continuez à évacuer le négatif. Pause. Faites une grande détente, votre conscience s'imprime de ce que vous avez vécu lors de cette séance. Vous accueillez les sensations d'harmonie, de sérénité, de bien-être, après la libération, l'évacuation des tensions.

Vous activez en vous vos trois capacités, de confiance, d'harmonie physique et mentale, capacité d'espoir, de projets.

Vous pouvez terminer la séance en respirant profondément plusieurs fois, en remuant vos orteils, vos jambes, vos cuisses, votre bas-ventre, votre abdomen, votre thorax, vos bras, votre nuque et votre cou, les muscles de votre visage et en vous étirant d'abord doucement, puis plus énergiquement. Vous prenez tout votre temps pour une complète récupération avant de terminer la séance et d'ouvrir vos yeux.

La toxicomanie

A) VOUS ETES TOXICOMANE ?

Définition

C'est l'appétence anormale et prolongée manifestée par certains sujets pour des substances ou des drogues[3] dont ils ont connu accidentellement ou recherché volontairement l'effet sédatif, euphorisant ou dynamisant.

Une drogue est une substance qui peut modifier une ou plusieurs fonctions physiologiques ou psychiques (comportements, pensées, émotions, humeur). Toute drogue est susceptible d'entraîner une dépendance physique ou psychologique. En termes scientifiques, les drogues sont synonymes de substances psychoactives, expression neutre sans connotation juridique.

Les classifications des drogues diffèrent selon les domaines : scientifique, sanitaire ou juridique.

[3] **Drogue** : Produit naturel ou synthétique dont la consommation modifie une ou plusieurs fonctions de notre organisme et peut entraîner une dépendance.

Certaines regroupent les drogues en fonction de leurs effets sur le système nerveux central et leurs propriétés thérapeutiques, d'autres en fonction de la dépendance qu'elles engendrent. Elles ne tiennent pas compte alors de la notion de drogue licite ou illicite qui résulte de la classification juridique. Le droit international, à travers la Convention unique de 1961, distingue ainsi les stupéfiants, sévèrement contrôlés, et les psychotropes (somnifères, anxiolytiques…). Le cannabis en particulier est classé parmi les stupéfiants, et le THC, son principe actif, dans les psychotropes ! Aucune définition clair d'un stupéfiant n'est donnée à ce jour.

Cette appétence devient une habitude tyrannique qui entraîne l'augmentation progressive des doses.

Elle repose sur l'association de 3 critères :

– l'invincible désir ou le besoin de continuer à consommer de la drogue et à s'en procurer par tous les moyens,

la tendance à augmenter les doses,

– la dépendance d'ordre physique et psychique.

Chemin du toxicomane

En 3 étapes :

Lune de miel

Phase d'essaie indicible de volupté prodigieuse.

Phase sans état de manque, la drogue le comble.

Imperméabilité à la prise en charge.

Phase de gestion de manqué

La notion de plaisir est toujours aussi présente chez l'utilisateur, mais pour l'obtenir, la quantité de substance doit être revu à la hausse.

Installation de la dépendance psychique.

Le toxicomane parvient à contrôler le manque et estime dominer sa consommation ce qui rend impossible sa prise en charge.

Période où le plaisir n'est plus au rendez-vous

– déplaisir,

– installation de la dépendance physique,

– prise de conscience de l'échec face à la drogue,

– manque de contrôle de la consommation,

– le toxicomane devient demandeur de soins.

Constitution du toxicomane, (atteint toutes les catégories sociales et surtout les jeunes).

Elle équivaut :

– soit à un type de conflit face à une société jugée sans intérêt,

– soit à une possibilité de tolérer le quotidien,

– soit à un moyen de créativité.

Il est épineux d'élucider les origines qui conduisent à la toxicomanie.

Toutefois, on sait, que la toxicomanie aide à supporter des circonstances délicates et donne une sensation de grandeur permettant de se sentir existé.

Concernant la personnalité, on peut constate :

– prédisposition à l'anxiété,

– des carences affectives, éducative, absence d'un modèle identificatoire.

– un besoin de plaisir immédiat.

La toxicomanie peut aussi être lié à d'autres pathologies comme les psychoses, la dépression, les névroses, certaines psychopathies.

État de manque et cure de sevrage

Caractéristiques de l'état de manque à l'héroïne

Selon un module en psychiatrie destiné aux étudiants infirmiers (etudiantinfirmier.com), débute en général 6 à 8 h après la dernière prise.

– J1 : installation de l'anxiété.

– J1 – 12 h : rhinorrhée, larmoiement, hypersudation, bâillements, frissons, sensation de chaud et de froid, douleurs lombaires puis dans les membres inférieurs, mydriase.

– J3 – J4 : douleurs lombaires et aux membres inférieurs, nausées, vomissements, diarrhée, HTA.

– J5 – J7 : baisse des troubles, mais ils peuvent persister plusieurs semaines avec insomnie, adynamie et dépression.

C'est la raison pour laquelle il ne faut surtout pas tenter de se sevrer sans être suivi médicalement.

B) METHODE PROPOSEE :

Dans votre position assise de confort, vous fermez les yeux pour mieux vous isolez du monde extérieur.

Avec les yeux fermés, le corps relâché, vous prenez conscience de la forme de votre tête. Vous relâchez, tous les muscles de votre visage, de votre front, de vos yeux, de vos joues, de vos lèvres, de votre bouche, de votre menton.

Vos mains se relâchent complètement. Relâchement des muscles de votre nuque et votre cou. Conscience de la forme de vos épaules, de vos bras sans tension.

Relâchement de votre thorax, toute votre paroi thoracique se détend pour laisser plus de place à votre cœur, à vos poumons en train de se détendre. Détente qui se prolonge de vos bras, jusqu'à la paume de vos mains.

Conscience de la forme de votre abdomen, de sa respiration calme et naturelle. De votre dos relâché.

Relâchez maintenant le bas de votre corps, votre bassin, votre périnée (pour les femmes), vos fessiers. Vos pieds sont bien en contact avec le sol.

Vous approfondissez la détente de tout votre corps en relâchant tous les muscles de votre colonne vertébrale. Cet arbre de vie qui vous relie à toutes les régions de votre corps. Vous vous laissez aller très profondément. Vous pouvez, maintenant, vous préparer à vivre la posture de relaxation active, plus en avant sur votre chaise, votre dos bien droit, vos mains sur vos cuisses pour bien vivre la présence de votre corps dans cette posture. Inspiration, rétention, tension douce de votre corps dans la posture, expulsion de l'air, récupération.

Vous allez maintenant pratiquer le déplacement du négatif sur l'ensemble de votre corps. Je vous indique comment le pratiquer. Après avoir inspiré de l'air, en rétention, vous effectuerez une tension douce à chaque système, en essayant de percevoir les zones d'inconfort, de crispation, et à l'expiration, vous expulserez tout le négatif de cette zone. Dans les expirations qui suivent, vous renforcerez cette expulsion du négatif.

Si vous le voulez bien, vous soufflez, inspiration vous montez vos bras à la verticale, doigts entrecroisés, paumes vers le ciel, rétention d'air et tension douce jusqu'à la résistance confortable, expulsion. Vous amenez, tout doucement, vos mains devant votre front, vous posez délicatement vos mains sur votre front, légère tension et déplacement du négatif.

Vos mains vont descendre sur votre thyroïde, tension douce et expulsion du négatif.

Vous amenez vos mains sur votre sternum, prise de conscience après une légère tension et un déplacement du négatif.

Votre ombilic, prise de conscience, tension douce et déplacement du négatif.

Votre bas-ventre, légère tension et expulsion du négatif.

Pour terminer ce déplacement du négatif, vous allez le pratiquer sur tout votre corps.

Pour cela, vous mettez vos mains, doigts croisés derrière votre nuque, vous effectuerez une tension douce de tout votre corps en arc de cercle, en arrière, en appuyant bien sur vos talons, pour bien prendre conscience de votre corps dans sa totalité. Et quand vous le souhaitez, après avoir décroisé vos mains, vous pouvez vous asseoir dans votre position assise de confort. Pause d'assimilation.

En posture de relaxation active, vous allez, maintenant, pratiquer une activation vitale.

Pour cela, à l'inspiration, vous mobiliserez la chaleur de votre corps, douce activation de l'énergie, dilatation des vaisseaux, et à l'expiration, activation, augmentation de la chaleur, de la circulation dans tout votre corps. Vous soufflez. Inspirez doucement la chaleur, l'énergie, la force vitale de votre circulation. Et avec une expiration, vous stimulez en renforçant la chaleur, la température, la circulation dans vos organes, dans votre cerveau, dans votre thyroïde, dans votre cœur, dans vos poumons, dans vos organes génitaux.

Vous vivez en vous la stimulation de vos organes et avec votre respiration vous faites diffuser dans tout votre corps. Et fort de l'activation de toute l'énergie de votre corps, je vous invite à accueillir une situation particulièrement agréable, choisissez une situation dans laquelle vous êtes particulièrement confortable, vous laissez se fixer tous les éléments que cette situation engendre.

Vous laissez venir tout le confort dans chacun de vos systèmes, tout le bien-être de cette situation qui se vit dans tout votre corps. Prenez tout votre temps pour vivre le bien-être de cette situation et dans cet état de bien-être et de confort, vous allez accueillir en vous votre geste secours, un geste simple que vous pouvez faire, peut être avec votre main ou votre pied, ou un endroit de votre corps particulièrement confortable, et tout en vivant cette situation agréable vous laissez doucement ce geste se faire en vous, s'installer, peut-être un geste de la vie quotidienne qui vous est presque naturel.

Laissez votre conscience s'inscrire dans ce geste et avec lui toutes les sensations agréables dans ce geste, vous y vivez le bien-être, le confort, la couleur, la luminosité de l'instant. La situation vient se vivre au niveau du geste, vous accueillez à cet endroit de votre corps toutes les sensations. À chaque inspiration, vous renforcez ce bien-être. À chaque expiration, vous l'envoyez dans le geste. À chaque inspiration, vous renforcez toutes les sensations corporelles et à chaque expiration, vous venez l'offrir comme un cadeau à votre geste, il devient le bien-être et le confort. Quand vous voulez, vous laissez partir cette situation. Vous ne gardez que le geste. Il garde en lui toute la force tout le bonheur tout le bien-être de la situation, et toute la confiance. À l'inspiration, vous pratiquez ce geste, puis à l'expiration, vous relâchez automatiquement votre visage, vos épaules et vos bras, tout votre corps. Détente, lâcher prise. Plusieurs fois, si vous le voulez bien.

Maintenant quand vous voulez à votre rythme, vous pouvez quitter ce geste, vous le replacez dans un champ de votre conscience où vous pourrez le rechercher quand vous voudrez. Très tranquillement vous allez maintenant laisser venir une situation stressante. Mais pas trop pour commencer, une situation qui génère en vous une petite contrariété et que vous souhaitez franchir.

Maintenant vous ne la laissez pas vous envahir, vous laissez venir le geste avec son contenu positif. Faites le réellement en inspirant, maintenant, à l'expiration, vous relâchez automatiquement votre visage, vos épaules et vos bras, tout votre corps. Détente. Lâcher prise. Plusieurs fois, si vous le voulez bien. La situation stressante change de visage, vous vivez l'amortissement émotionnel qui se produit en vous, vous sentez que vous prenez vos distances avec la situation.

Vous êtes toujours présent, mais les phénomènes qui se vivent sont moins difficiles, un sourire, vous relativisez, laissez venir tous les possibles. Refaites le geste si besoin. Vivez la libération de tension dans le système le plus concerné, peut-être dans les autres systèmes. Le geste vous libère des tensions, il vous redonne de l'apaisement et vous permet de laisser venir vos propres stratégies, vous sentez que vous savez mieux respirer maintenant face à l'événement. Vivez les phénomènes. Vous posez votre acte de vie qui est de vous libérer, de vous dominer, de vous sentir fort. Votre acte, votre geste de libération de l'emprise du stress, votre geste de vie. Prenez quelques instants pour vivre les phénomènes que vous envoie votre corps. Détente de la tête, des épaules, du thorax, tout votre corps est sans tension. Pause. Vous vivez tous les moments forts de cette séance. Vous en profitez pour renforcer vos sensations de bien-être, vos capacités de confiance, d'harmonie et d'espoir, de projets. Quand vous le voulez, vous pouvez pratiquer votre reprise de tension musculaire. Vous faites trois respirations profondes, douce reprise de tension musculaire au niveau de vos pieds, de vos jambes, de votre bassin. Douce reprise de tension au niveau de votre ventre, de votre anneau lombaire. Douce reprise de tension au niveau de votre thorax, de la face interne de vos bras. Douce reprise de tension au niveau de vos bras, de votre cou, de votre nuque. Au niveau de votre visage, vous pouvez vous étirer, bailler et à votre rythme ouvrir les yeux.

La cyberdépendance

A) VOUS ETES CYBERDEPENDANT ?

Définition

Le cyberdépendant est un individu qui souffre habituellement de TOC ou troubles obsessifs-compulsifs. Ce trouble se caractérise par la présence d'obsession et/ou de compulsion qui revient sans cesse, au point de, parfois, en devenir handicapante. L'obsession est une pensée angoissante qui s'impose et dirige toute la vie de l'individu, à un point tel, que ça lui fait perdre le sens des priorités. Tenaillé par l'angoisse, il tente de se soulager rapidement au travers de mesures de réassurances qui lui font progressivement perdre le sens des réalités.

Épidémiologie

En France, 6 % des français sont dépendants à internet. 5 à 10 % de la population américaine serait accro à Internet, selon une étude réalisée par la faculté de médecine de Stanford. Au Quebec, 6 % des quatre millions d'utilisateurs d'Internet souffrent de cyberdépendance.

Généralité

Aujourd'hui, les deux sexes utilisent Internet. Les hommes naviguent sur des sites de rencontre, en quête de sexe, sous couvert d'une recherche affective. Il fréquente aussi les sites érotiques, ainsi que pornographiques (« sexolisme » dépendance à la pornographie et à la pratique du sexe). Les femmes, quant à elles, s'informent et recherchent des relations vraies. Elles sont déjà sous le regard avisé des promoteurs du commerce électronique, car pour la plupart, elles sont sujettes à l'achat compulsif. Les deux principales motivations qui alimenteraient la cyberdépendance seraient la dépendance affective et la compulsion. Il apparaîtrait les hommes délaisseraient les sites pornographiques au profit des agences de rencontres virtuelles. Les dépendants d'Internet nourrissent aussi d'autres dépendances, sexuelle par exemple. Leur comportement déviant étant entretenue par les sites spécialisés, du genre pornographique, érotique et prêtant à la pédophilie. Les joueurs compulsifs eux aussi peuvent s'adonner librement à leur pulsion avec les casinos et les transactions boursières en ligne.

Conséquences

– regret,
– tricherie,
– culpabilité,
– fraude.

Les avantages d'Internet.

– l'accès 24 heures sur 24,

– l'anonymat,

– l'expression écrite (plus facile pour exprimer ses sentiments),

– pas de tabous,

– des rencontres quotidiennes, plusieurs fois par jour, et parfois passage du virtuel au réel,

– attirance pour l'inconnu,

– on se laisse aller à un bonheur virtuel,

– on aime à imaginer qu'il est peut probable qu'un inconnu portera un jugement hâtif ou erroné sur nous,

– on peut désirer combler un manque affectif ou mettre un peu de piquant dans une vie trop routinière,

– l'appât du gain.

Le cyberdépendant se coupe de sa vie, il a la sensation de subjuguer le temps, de le transcender. Ce qui a pour conséquence un manque d'attention vis-à-vis de son conjoint, de sa famille, de ses amis. D'autre part, il développe un comportement compulsif renforcé par sa curiosité et sa soif d'apprendre. Il s'isole ainsi dans son monde. Le cyberdépendant est dans le refus. Il peut éprouver de l'angoisse, se sentir seul. Comme dans toute forme de dépendance, on constate aussi un manque de confiance. Une étude scientifique démontre que des mariages se sont brisés, des adolescents subissent des échecs scolaires, des individus s'adonnent à des gestes illégaux (cybercrimes). La proximité des ordinateurs facilite cette dépendance. Ils sont partout, au bureau, au domicile, dans les écoles.

B) METHODE PROPOSEE :

Vous vous installez confortablement dans votre position assise de confort. Avec les yeux fermés allez prendre conscience de la détente de votre corps.

Concentrez vous sur votre front. Conscience de la forme de votre visage, de toute votre tête détendu.

Concentrez vous sur votre thyroïde, région antérieure du cou. Conscience de la forme de votre cou, de votre nuque, de vos épaules, de la partie externe de vos bras relâchés.

Vous pouvez vous centrer maintenant sur votre sternum et conscience de votre thorax, conscience de la partie intérieure de vos bras sans tension, de vos mains. Focalisez-vous sur votre ombilic, votre région ombilicale, tout votre anneau abdominal détendu.

Vous allez maintenant vous centrer sur votre bas-ventre, et vivre toute cette zone, cette zone pelvienne, sans tension, également vos muscles fessiers, les muscles de vos membres inférieurs, relâchés.

Tout votre corps est détendu. Prenez conscience de la forme de la détente globale de votre corps, de son équilibre, de sa respiration, de la présence de votre corps dans votre conscience, sans tension.

Très tranquillement, vous allez maintenant vous mettre en posture de relaxation active. Vous vous avancez sur votre siège, votre dos bien droit décollé du dossier, vos mains sur vos cuisses, vos épaules un peu en avant, pour retrouver votre équilibre. Prenez tout votre temps pour bien prendre conscience de cette posture. Présence de votre corps dans cette posture. Vous vous sentez confortable, mais actif, capable de vivre pleinement ce qui se présente, la posture de relaxation active, la posture qui vous permet de vivre au mieux les phénomènes que vous envoie votre corps, votre posture.

Vous allez laisser venir à votre esprit une situation plaisante, contenu agréable de nature, de paix, de joie, de sérénité, un événement qui va se dérouler bientôt, un souvenir, à votre choix. Laissez venir cette situation. Qui évoque pour vous bonheur, et plénitude. Dès qu'elle apparaît vous la fixez dans votre conscience et vous la vivez, dans le même bien-être dans lequel vous êtes maintenant en relaxation. Laissez vous quelques instants approfondir cette situation dans ses détails. Vous prenez tout votre temps pour votre vivre les phénomènes que vous envoie votre corps.

Puis vous reprenez votre posture de relaxation. Vous évoquez vos trois capacités ; capacité de confiance, capacité d'harmonie physique et mentale et capacité d'espoir, de projets.

Maintenant vous vous préparez mentalement à faire votre reprise de tension musculaire, mais vous ne reviendrez pas à votre point initial, vous ferez cette reprise avec un capital d'harmonie puisé et redécouvert en vous-même qui vous servira pour les heures, pour les jours à venir.

Et maintenant à votre rythme sans vous presser, vous faites trois respirations profondes. Remuez vos pieds, vos jambes, vos genoux. Vous remettez en tension votre bassin, conscience de la reprise de tension musculaire de tout votre bas-ventre. Vous remettez en tension votre paroi abdominale. Conscience de la région de votre sternum en train de revivre sa tension musculaire. Vous pouvez remuer vos doigts, vos bras face interne, face externe, les muscles de votre nuque, de vos épaules retrouvent leur tonus musculaire. Vous pouvez bailler, remettre en tension tous les muscles de votre visage, de votre cuir chevelu, douce tension musculaire, vous vous étirez très fort pour bien prendre conscience de la forme de votre corps en reprise de tension musculaire. Et lorsque vous le désirez, vous pouvez ouvrir les yeux.

La kleptomanie

A) VOUS ETES KLEPTOMANE ?

Définition

« La kleptomanie se caractérise par une impulsion régulière à voler, indépendamment de tout besoin économique et de tout désir conscient de s'approprier l'objet. Le sujet cède à un besoin irrépressible qui met fin à une lutte douloureuse entre sa conscience et cette obsession. Du point de vue de la psychanalyse, l'objet volé est investi symboliquement d'une grande valeur érotique, le vol pouvant signifier la réparation d'un deuil ou d'une séparation, dont souffre inconsciemment le patient. La kleptomanie se caractérise par une impulsion régulière à voler, indépendamment de tout besoin économique et de tout désir conscient de s'approprier l'objet. Le sujet cède à un besoin irrépressible qui met fin à une lutte douloureuse entre sa conscience et cette obsession. Du point de vue de la psychanalyse, l'objet volé est investi symboliquement d'une grande valeur érotique, le vol pouvant signifier la réparation d'un deuil ou d'une séparation, dont souffre inconsciemment le patient ».

Les symptômes sont d'ailleurs listés dans le Manuel diagnostique et statistique des troubles mentaux américain (Diagnostic and Statistical Manual of Mental Disorders ou DSM-IV) :

– envie irrépressible et récurrente de voler,

– tension forte juste avant de commettre le vol,

– plaisir ou soulagement lors du passage à l'acte,

– le vol n'a pas pour mobile la colère, la vengeance, et n'est pas lié à des idées délirantes, des épisodes maniaques ou des hallucinations,

– les objets ne sont pas volés pour un usage personnel ou pour une quelconque valeur commerciale.

Épidémiologie

Il est difficile de chiffrer la kleptomanie car elle est généralement révélée lorsque le voleur se fait surprendre. Toutefois, selon certains spécialistes, ils seraient 0,5 à 1 % de la population. Moins de 5 % des voleurs souffrent de kleptomanie. Il semblerait que les 3/4 des kleptomanes soit des femmes. Cela est sans doute dû au fait qu'elles se font surprendre, contrairement à leur homologue masculin.

La moyenne d'âge est de 35 à 40 ans. Le kleptomane est généralement marié, a un pouvoir d'achat plus important que la moyenne.

Ils ont, dans 60 % des cas, une complication psychologique. Un boulimique sur quatre serait kleptomane.

Généralité

Pour identifier la kleptomanie il suffit de constater l'inutilité des objets volé qui sont ensuite délaissés, entassés, oubliés, voir même rendu à leurs propriétaires. Pour le kleptomane, le vol n'est pas une fin en soi, seul l'acte en lui-même à son importance. Le bien-être procuré par le vol est suivi d'une forte culpabilité. Ce qui pousse certains d'entre eux à rechercher inconsciemment à se faire arrêter. Bon nombre de psychologues s'accordent à dire que la kleptomanie serait un substitut sexuel. Cette quête du plaisir, dans le vol, comblerait le manque d'une sexualité absente ou peu excitante. Dans quelque cas, on peut y associer une perversion ou un fétichisme (vole de chaussures, de sous-vêtements, de vêtements). Certains autres pensent que ce trouble serait né d'un sentiment d'abandon durant l'enfance. Les kleptomanes ont, pour la plupart, été sujets à des dépressions. L'acte de voler serait pour eux une façon de soulager leur mal-être.

Cela même sont aussi, dans la majorité des cas, des toxicomanes médicamenteux ou des alcoolo-dépendants.

Les kleptomanes sont sujets à des troubles obsessionnels compulsifs. La kleptomanie est inclassifiable du point de vue psychiatrique, toutefois, l'Association Américaine de Psychiatrie la classe parmi les troubles du contrôle des impulsions.

Solution

S'il n'existe pas de traitement spécifique, la sophrologie semble être la meilleure approche. Certaines études soulignent également un rôle bénéfique des antidépresseurs. Plus étonnant, une sexothérapie peut également apporter une aide efficace.

B) METHODE PROPOSEE :

Dans votre position assise de confort, vous fermez les yeux pour mieux vous isolez du monde extérieur.

Avec vos yeux fermés, votre corps relâché, vous prenez conscience de la forme de votre tête. Vous relâchez, tous les muscles de votre visage, de votre front, de vos yeux, de vos joues, de vos lèvres, de votre bouche, de votre menton.

Vos mains se relâchent complètement. Relâchement des muscles de votre nuque et de votre cou. Conscience de la forme de vos épaules, de vos bras sans tension.

Relâchement de votre thorax, toute votre paroi thoracique se détend pour laisser plus de place à votre cœur, à vos poumons en train de se détendre. Détente qui se prolonge de vos bras, jusqu'à la paume de vos mains.

Conscience de la forme de votre abdomen, de sa respiration calme et naturelle. De votre dos relâché.

Relâchez maintenant le bas de votre corps, votre bassin, votre périnée (pour les femmes), vos fessiers. Vos pieds sont bien en contact avec le sol.

Vous approfondissez la détente de tout votre corps en relâchant tous les muscles de votre colonne vertébrale. Cet arbre de vie qui vous relie à tous les systèmes de votre corps. Vous vous laissez aller très profondément.

Vous pouvez, maintenant, vous préparer à vivre votre posture de relaxation active, plus en avant sur votre chaise, votre dos bien droit, vos mains sur vos cuisses pour bien vivre la présence de votre corps dans cette posture. Inspiration, rétention, tension douce de votre corps dans la posture, expulsion de l'air, récupération.

Vous allez maintenant pratiquer le déplacement du négatif sur l'ensemble de votre corps. Je vous indique comment le pratiquer. Après avoir inspiré de l'air, en rétention, vous effectuerez une tension douce à chaque système, en essayant de percevoir les zones d'inconfort, de crispation, et à l'expiration, vous expulserez tout le négatif de cette zone. Dans les expirations qui suivent, vous renforcerez cette expulsion du négatif.

Si vous le voulez bien, vous soufflez, inspiration vous montez vos bras à la verticale, doigts entrecroisés, paumes vers le ciel, rétention d'air et tension douce jusqu'à la résistance confortable, expulsion. Vous amenez, tout doucement, vos mains devant votre votre front, vous posez délicatement vos mains sur votre front, légère tension et déplacement du négatif.

Vos mains vont descendre sur votre 2e point d'intégration, sur votre thyroïde, expulsion du négatif. Vous amenez vos mains sur votre 3e point d'intégration, votre sternum, prise de conscience après une légère tension et un déplacement du négatif.

4e point d'intégration, votre ombilic, prise de conscience, tension douce et déplacement du négatif.

5e point d'intégration, votre bas-ventre, expulsion du négatif. Pour terminer ce déplacement du négatif, vous allez le pratiquer sur tout votre corps.

Pour cela, vous mettez vos mains, doigts croisés derrière la nuque, vous effectuerez une tension douce de tout le corps en arc de cercle, en arrière, en appuyant bien sur vos talons, pour bien prendre conscience de votre corps dans sa totalité. Et quand vous le souhaitez, après avoir décroisé vos mains, vous pouvez vous asseoir dans votre position de confort. Pause d'assimilation.

Vous allez maintenant vous centrer sur vos idées de valeur. Vous allez laisser émerger en vous les valeurs de votre existence. Laissez les monter dans votre conscience. Conscience des valeurs de liberté, d'amour, de famille, d'humanité, d'éternité. Concentrez vous sur votre valeur, sur celle qui est votre raison d'être. Comme 1re valeur, vous pouvez évoquer la valeur de la liberté, votre liberté. Laissez la venir à votre conscience. Liberté qui fait de vous la personne que vous êtes et dont vous êtes fière. Cette liberté qui fait de vous un être unique et responsable. Telles sont là vos valeurs de liberté.

Quand vous voulez, vous soufflez, et à l'inspire, vous montez vos mains, paumes ouvertes vers le ciel, votre tête légèrement en arrière. Vous restez quelques instants en respiration libre naturelle. Prenez tout votre temps et à votre rythme, vous descendez vos bras. Peut-être, pouvez-vous sentir de l'énergie, de la chaleur au niveau de la paume de vos mains. Une énergie, une chaleur, comme si un sentiment de liberté traversait tout votre corps jusqu'à la pulpe de vos orteils. Relaxe, détente dans votre posture assise de relaxation.

Pause. Posture de relaxation active. Une 2e fois, laissez émaner du plus profond de votre être, de vos cellules, une 2e valeur de votre choix, une valeur qui est pour vous fondamentale. Comme le respect que vous avez pour vous-même, pour les êtres qui vous sont chers.

Quand vous voulez, vous soufflez, et, à l'inspiration, vous montez vos mains, paumes ouvertes vers le ciel, votre tête légèrement en arrière. Vous restez quelques instants en respiration libre, naturelle. Laissez venir à vous tous les phénomènes avec vos propres notions de liberté, du respect que vous vous portez, sans les juger. Prenez le temps qui vous est nécessaire et à votre rythme, vous descendez vos bras.

Relaxe, détente dans votre posture assise de relaxation. Pause. Posture de relaxation active.
Choisissez ne grande valeur qui vous habite, qui vienne du plus profond de votre être. Pratiquez la posture. Quand vous voulez, vous soufflez, et, à l'inspiration, vous montez vos mains, paumes ouvertes vers le ciel, votre tête légèrement en arrière. Vous restez quelques instants en respiration libre, naturelle.

Vous laissez s'établir les phénomènes avec votre propre notion de cette valeur, en prenant tout votre temps pour la vivre. Pratiquez la posture le temps que vous souhaitez. Et à votre rythme, vous descendez vos bras.

Relaxe, détente dans votre posture assise de relaxation. Pause. Relaxe, détente de votre tête, de vos épaules, de votre thorax, de votre abdomen, et de toute la partie inférieure de votre corps.

Je vous invite, maintenant, à faire une pause finale de totalisation. Laissez venir chacun des phénomènes qui se vivent dans votre corps suite à de cette séance.

Vous vivez la propre intégration de vos valeurs, de votre richesse intérieure, de votre propre vécu de la liberté.

Vous pourrez en profiter pour renforcer vos capacités de confiance, confiance en vous, confiance en votre corps, confiances en vos certitudes, confiance en la vie. Capacité d'harmonie, entre votre corps et votre esprit. Et, capacité d'espoir, de projets. Puis, à votre rythme, quand vous le désirerez, vous pourrez pratiquer votre reprise de tension musculaire.

Vous faites trois respirations profondes, douce reprise de tension musculaire au niveau de vos pieds, de vos jambes, de votre bassin. Douce reprise de tension au niveau de votre ventre, de votre anneau lombaire. Douce reprise de tension au niveau de votre thorax, de la face interne de vos bras. Douce reprise de tension au niveau, de vos bras, de votre cou, de votre nuque. Au niveau du visage, vous pouvez vous étirer, bailler et à votre rythme, ouvrir les yeux.

La toxicomanie médicamenteuse

A) VOUS ETES DEPENDANT DES MEDICAMENTS ?

Médicaments psychoactifs et dépendance

Même si certains médicaments psychoactifs n'ont pas de conséquence sur la dépendance physique, il n'en reste pas moins vrai q'une dépendance psychique est possible. Cela et propre à chacun et déterminé par la substance ingérée. Les benzodiazépines entraînent une dépendance physique et psychique. Si un médicament psychoactif est consommé sans prescription du médecin, utilisé dans un but autre que celui pour lequel il est initialement destiné ou pris sans modération, on parle alors de toxicomanie médicamenteuse. Les médicaments concernés sont principalement, des psychotropes, des opiacés, des barbituriques, des amphétamines, des benzodiazépines. Viennent ensuite les analgésiques, les anorexigènes, les stimulants, les sirops antitussifs, les antalgiques et les laxatifs.

Il existe trois types de toxicomanies médicamenteuses :

1. la toxicomanie médicamenteuse chez les pharmacodépendants

Les médicaments viennent apporter des sensations nouvelles, ou moduler les effets sédatifs ou excitants des substances psychoactives consommées. Selon les effets recherchés ou les produits dont ils disposent, les usagers dosent avec précision ou totalement à l'aveugle leurs mélanges.

2. la toxicomanie médicamenteuse avérée

Elle concerne tous les types de médicaments, les associations de différents médicaments n'étant pas rares. Cette pratique de consommation se rapproche de la dépendance : la vie de l'usager est centrée sur sa consommation. On peut constater une alternance entre des moments de consommation contrôlée et des moments de consommation excessive. Dans les motivations, il est souvent difficile de distinguer la recherche de l'oubli, du sommeil, du soulagement de l'anxiété, de la recherche de sensations voluptueuses, du plaisir de fonctionner dans un « état second », voire de l'ivresse de l'anéantissement.

3. la toxicomanie médicamenteuse méconnue

À l'origine sur prescription médicale, mais devant la persistance des plaintes ou l'apparition de symptômes nouveaux, l'escalade médicamenteuse s'installe : l'usager cherche toujours le produit qui le guérira, et le médecin, tout en percevant plus ou moins l'inefficacité de cette demande, prescrit de nouveaux médicaments et / ou des augmentations de posologie. La situation se complique lorsque l'usager fait lui-même ses mélanges, associe diverses ordonnances d'un ou plusieurs médecins, dans un but thérapeutique revendiqué. Attaché à des ordonnances dont il ne supporte pas qu'on supprime un ou plusieurs produits, l'usager consomme de façon rituelle des quantités considérables de comprimés. Dans cette conduite, il est difficile de faire la part de la dépendance physique, psychique, de la crainte du symptôme et du désir de médicament.

(Source : medisite.fr).

Épidémiologie

Consommation régulière de médicaments psychoactifs (chiffres 1991) : un adulte sur dix (pendant au moins 6 mois dans l'année).

Consommation déclarée de somnifères ou tranquillisants tous les jours de la semaine chiffres 1995) :

– 9 % des femmes,

– 4 % des hommes,

Jeunes de 12 à 19 ans (chiffres 1997) :

– 9 % des jeunes de 12 à 19 ans ont pris un médicament psychoactif au cours des 30 derniers jours, 11 % chez les filles et 6 % chez les garçons,

– 7 % des jeunes ont consommé des médicaments contre l'anxiété ou la nervosité,

– 4 % ont pris des somnifères,

– 10 % des lycéens ont pris plus ou moins régulièrement des médicaments psychoactifs au cours de l'année, et 20 % tout à fait exceptionnellement. Ces chiffres sont en augmentation par rapport à 1993.

Consommation d'au moins un médicament psychoactif au cours des 30 derniers jours.

(Chiffres 1997) :

– 3 % des jeunes filles à 12 ans,
– 16 % des jeunes filles à 19 ans.

État de manque et cure de sevrage

Caractéristiques

État de manque aux barbituriques.

– syndrome confusionnel,
– agitation anxieuse,
– nausées,
– douleurs abdominales,
– possible crises d'épilepsie.
– Etat de manque aux psychostimulants.
– agitation,
– anxiété.

B) METHODE PROPOSEE :

Dans votre position assise de confort, vous fermez les yeux pour mieux vous isolez du monde extérieur.

Avec les yeux fermés, le corps relâché, vous prenez conscience de la forme de votre tête. Vous relâchez, tous les muscles de votre visage, de votre front, de vos yeux, de vos joues, de vos lèvres, de votre bouche, de votre menton.

Vos mains se relâchent complètement. Relâchement des muscles de votre nuque et de votre cou. Conscience de la forme de vos épaules, de vos bras sans tension.

Relâchement de votre thorax, toute votre paroi thoracique se détend pour laisser plus de place à votre cœur, à vos poumons en train de se détendre. Détente qui se prolonge de vos bras, jusqu'à la paume de vos mains.

Conscience de la forme de votre abdomen, de sa respiration calme et naturelle. De votre dos relâché.

Relâchez maintenant le bas de votre corps, votre bassin, votre périnée (pour les femmes), vos fessiers. Vos pieds sont bien en contact avec le sol.

Vous approfondissez la détente de tout votre corps en relâchant tous les muscles de votre colonne vertébrale. Cet arbre de vie qui vous relie à toutes les régions de votre corps. Vous vous laissez aller très profondément. Vous pouvez, maintenant, vous préparer à vivre la posture de relaxation active, plus en avant sur votre chaise, votre dos bien droit, vos mains sur vos cuisses pour bien vivre la présence de votre corps dans cette posture. Inspiration, rétention, tension douce de votre corps dans la posture, expulsion de l'air, récupération.

Vous allez maintenant pratiquer le déplacement du négatif sur l'ensemble de votre corps. Je vous indique comment le pratiquer. Après avoir inspiré de l'air, en rétention, vous effectuerez une tension douce à chaque système, en essayant de percevoir les zones d'inconfort, de contraction, et à l'expiration, vous expulserez tout le négatif de cette zone. Dans les expirations qui suivent, vous renforcerez cette expulsion du négatif. Si vous le voulez bien, vous soufflez, inspiration vous montez vos bras à la verticale, doigts entrecroisés, paumes vers le ciel, rétention d'air et tension douce jusqu'à la résistance confortable, expulsion. Vous amenez, tout doucement, vos mains devant votre front, vous posez délicatement vos mains sur votre front, légère tension et déplacement du négatif.

Vos mains vont descendre sur votre thyroïde, expulsion du négatif.

Vous amenez vos mains sur votre sternum, prise de conscience après une légère tension et un déplacement du négatif.

Votre ombilic, prise de conscience, tension douce et déplacement du négatif.

Votre bas-ventre, légère tension et expulsion du négatif.

Pour terminer ce déplacement du négatif, vous allez le pratiquer sur tout votre corps.

Pour cela, vous mettez vos mains, doigts croisés derrière votre nuque, vous effectuerez une tension douce de tout votre corps en arc de cercle, en arrière, en appuyant bien sur vos talons, pour bien prendre conscience de votre corps dans sa totalité. Et quand vous le souhaitez, après avoir décroisé vos mains, vous pouvez vous asseoir dans votre position de confort. Pause d'assimilation.

En posture de relaxation active, vous allez, maintenant, pratiquer une activation vitale. Pour cela, à l'inspiration, vous mobiliserez la chaleur de votre corps, douce activation de l'énergie, dilatation des vaisseaux, et à l'expiration, activation, augmentation de la chaleur, de la circulation dans tout votre corps. Vous soufflez. Inspirez doucement la chaleur, l'énergie, la force vitale de votre circulation. Et avec une expiration, vous stimulez en renforçant la chaleur, la température, la circulation dans vos organes, dans votre cerveau, dans votre thyroïde, dans votre cœur, dans vos poumons, dans vos organes génitaux. Vous vivez en vous la stimulation de vos organes et avec votre respiration vous faites diffuser dans tout votre corps. Et fort de l'activation de toute l'énergie de votre corps, je vous invite à accueillir une situation particulièrement plaisant, comme la réussite de votre sevrage médicamenteux. Vous laissez s'enraciner tout ce que cette situation produit de positif. Vous allez maintenant essayer de vivre l'acceptation progressive avec tout votre corps, tous vos organes. Pour cela vous allez laisser venir une situation, qui se situe dans un proche avenir, une situation qui vous tient particulièrement à cœur, mais qui vous inquiète, une situation ou vous vous voyez devenir enfin libre et heureux sans médicaments.

Quand vous l'avez trouvé, vous la fixez et vous allez la vivre dans une réalisation positive ; un vécu positif devancé, avec la présence de tout votre corps. Vous allez situer immédiatement après cette situation qui vient de se dérouler remarquablement. Vous vivez pleinement le bonheur de l'avoir accomplie, et vous sentez dans votre corps quelles sont les sensations qui peuvent venir dans les différents systèmes de votre corps après la réalisation réussie de cet épisode de votre vie, vous laissez venir tous les possibles. Vous pouvez vous sentir, paisible, vidé, courbaturé, ou autres. Laissez bien venir tous les phénomènes de votre corps après cette situation. Plus précisément au niveau de votre front, de votre thyroïde, de votre sternum, de votre ombilic, de votrebas-ventre. Enfin vous vivez tout votre corps et votre esprit, avec des sentiments de satisfaction, de réussite. Vous vivez maintenant la situation elle-même. Vous vous situez au début de l'évènement et vous allez laisser se dérouler son histoire. À chaque fois que vous aurez un moment pus délicat, vous pourrez soit faire un déplacement du négatif, soit laisser venir un contenu positif. N'hésitez pas, si c'est difficile, à faire trois respirations, expulsion en déplacement du négatif et en respiration simultanée. Laissez venir tous les phénomènes de votre corps dans cette rencontre. Vous pouvez même essayer de rentrer davantage à l'intérieur de votre situation maintenant, puisque vous l'envisagez dans ses détails, vous sentez peut-être une force, une énergie qui émane de votre corps. Laissez-la vivre en vous. Vous êtes maître de vos potentiels, de vos projets, et de votre corps qui en est le support. Votre corps peut même être vécu comme un corps lumineux, irradiant, bien vivant. Vous prenez tout votre temps pour laisser venir tous les phénomènes. Si certains phénomènes sont un peu délicats, vous pratiquez la respiration abdominale, aussi vous pouvez faire votre geste, par exemple, à expiration, relâcher votre visage, vos épaules et vos bras, et puis vous trouvez à l'intérieur de vous-même la stratégie qui vous permet de dominer ce phénomène, tant avec votre corps, que vous sentez présent, fort, solide, qu'avec votre esprit. Présence de votre corps, force vive qui soutient votre esprit. Vous vivez les stratégies qui vous apparaissent. Plus précisément au niveau de la région de votre front, de la région de votre thyroïde, de la région de votre sternum, de la région de votre ombilic, de la région de votre bas-ventre. Vous prenez tout votre temps pour vivre les messages que vous envoie votre corps. Pause d'assimilation.

Quand vous le souhaiterez, vous pratiquerez votre reprise de tension musculaire, après avoir évoqué vos trois capacités de confiance, d'harmonie et d'espoir, de projets qui doivent êtres particulièrement présents après cette séance.

Vous faites trois respirations profondes, douce reprise de tension musculaire au niveau de vos pieds, de vos jambes, de votre bassin. Douce reprise de tension au niveau de votre ventre, de votre anneau lombaire. Douce reprise de tension au niveau de votre thorax, de la face interne de vos bras. Douce reprise de tension au niveau de vos bras, de votre cou, de votre nuque. Au niveau de votre visage. Vous pouvez vous étirer, bailler et à votre rythme, ouvrir les yeux.

L’achat compulsif

A) Vous etes un acheteur compulsif ou un collectionneur invetere ?

Définition

L’acheteur décrit plus qu’une envie d’acheter : c’est un besoin absolu, contre lequel il ne peut lutter sans en ressentir une tension. Ce besoin d’acheter obnubile toute la pensée, la vie du sujet.

Caractère de l’achat compulsif

– compulsif,
– répétitif,
– démesuré,
– superflu.

L’acheteur détient plus par nécessité, que par utilité. Lors de l’acquisition, un état de jubilation envahie l’acheteur compulsif. S’en suit une sensation de honte, au point de cacher les achats aux proches, suivit d’un besoin irrépressible de multiplier les achats.

Généralité

La vie de l'acheteur compulsif est rythmée par sa dépendance ce qui peut avoir des conséquences désastreuses pour le sujet. L'endettement, les emprunts, les mensonges, la honte, la culpabilité, les pertes d'amis, l'éclatement familial, l'insomnie, la saisie des biens, la négligence parentale, et les paniques en sont des exemples. L'acheteur est prisonnier de sa dépendance. Il n'a plus aucun contrôle de ses actes. Pourtant il souffre moralement de son comportement et il entend la douleur de son entourage. Certain type d'acheteur se donne au travers de leurs dépenses car il achète beaucoup pour les autres. C'est une façon d'aimer et d'être aimé. Le compulsif ne fait plus la différence entre son Moi et l'objet à acquérir.

Cette attitude rejoint certaines souffrances mentales et organiques. On parle alors d'achat compulsif en tant que symptôme, comme :

– au cours d'un trouble schizophrénique,

– dans le cadre d'un processus démentiel,

– au cours d'un accès maniaque.

Facteur familial

Dans ses théories psychanalytiques, Freud avait établi une origine infantile, en soulignant une symbolique entre l'argent et les rapports de l'enfant à ses excréments. Les excréments du bébé représentent la première notion de cadeau à sa mère, et d'échange. Cadeau dont il peut la priver. Freud estimait ainsi que l'origine de l'avarice, par exemple, se trouvait dans la rétention de ses produits les plus personnels dans la petite enfance.

Mais s'ensuit également l'inscription des modèles parentaux dans l'enfance, modèles qui peuvent marquer à vie. Si les parents ont un rapport normal à l'argent, l'enfant devenu adulte a toutes les chances d'entretenir des relations saines plus tard avec ses sous.

En revanche, si son enfance s'est déroulée dans un contexte de pénurie, de faillites, d'arrivées intempestives d'huissiers, de conflits financiers, ou au contraire de prodigalité excessive, l'adulte sera fortement influencé par ces schémas parentaux, en les reproduisant ou en réagissant contre, mais toujours violemment.

Si l'on veut tenter de comprendre ses rapports à l'argent, il est donc important de se pencher sur son passé, son enfance, son éducation, et pourquoi pas, de se faire aider par une thérapie. (Source : psychologies.com).

Facteur clinique

Le besoin d'acheter peut également être associé à une dépression, la dépression pouvant être antérieure, concomitante ou consécutive, un deuil, un manque. La jouissance est telle dans le seul fait d'acheter, de payer (même s'ils n'ont pas les moyens), quelle soulage. C'est pourquoi ce n'est pas tant l'objet de l'achat lui-même, qui engendre la satisfaction, puisqu'il va généralement rejoindre les autres au fond du placard, que le seul acte de passer à la caisse. Certains psychiatres établissent une comparaison entre certains achats compulsifs et le trouble obsessionnel compulsif.

B) METHODE PROPOSEE :

Dans votre position assise de confort, vous fermez les yeux pour mieux vous isolez du monde extérieur (pour mieux vous concentrer sur les sensations que vous envoie votre corps).

Avec les yeux fermés, le corps relâché, vous prenez conscience de la forme de votre tête. Vous relâchez, tous les muscles de votre visage, de votre front, de vos yeux, de vos joues, de vos lèvres, de votre bouche, de votre menton.

Vos mains se relâchent complètement. Relâchement des muscles de la nuque et du cou. Conscience de la forme de vos épaules, de vos bras sans tension.

Relâchement de votre thorax, toute votre paroi thoracique se détend pour laisser plus de place à votre cœur, à vos poumons en train de se détendre. Détente qui se prolonge de vos bras, jusqu'à la paume de vos mains.

Conscience de la forme de votre abdomen, de sa respiration calme et naturelle. De votre dos relâché.

Relâchez maintenant le bas de votre corps, votre bassin, votre périnée (pour les femmes), vos fessiers.

Vos pieds sont bien en contact avec le sol. Vous approfondissez la détente de tout votre corps en relâchant tous les muscles de la colonne vertébrale. Cet arbre de vie qui vous relie à toutes les régions de votre corps. Vous vous laissez aller très profondément.

Vous pouvez, maintenant, vous préparer à vivre la posture de relaxation active, plus en avant sur votre chaise, votre dos bien droit, vos mains sur vos cuisses pour bien vivre la présence de votre corps dans cette posture. Inspiration, rétention, tension douce de votre corps dans la posture, expulsion de l'air, récupération. Vous allez maintenant pratiquer le déplacement du négatif sur l'ensemble de votre corps. Je vous indique comment le pratiquer. Après avoir inspiré de l'air, en rétention, vous effectuerez une tension douce à chaque système, en essayant de percevoir les zones d'inconfort, de crispation, et à l'expiration, vous expulserez tout le négatif de cette zone. Dans les expirations qui suivent, vous renforcerez cette expulsion du négatif. Si vous le voulez bien, vous soufflez, inspiration vous montez vos bras à la verticale, doigts entrecroisés, paumes vers le ciel, rétention d'air et tension douce jusqu'à la résistance confortable, expulsion. Vous amenez, tout doucement, vos mains devant votre front, vous posez délicatement vos mains sur votre front, légère tension et déplacement du négatif.

Vos mains vont descendre sur votre thyroïde, expulsion du négatif.

Vous amenez vos mains sur votre votre sternum, prise de conscience après une légère tension et un déplacement du négatif.

Votre ombilic, prise de conscience, tension douce et déplacement du négatif.

Votre bas-ventre, expulsion du négatif. Pour terminer ce déplacement du négatif, vous allez le pratiquer sur tout votre corps.

Pour cela, vous mettez vos mains, doigts croisés derrière votre nuque, vous effectuerez une tension douce de tout le corps en arc de cercle, en arrière, en appuyant bien sur vos talons, pour bien prendre conscience de votre corps dans sa totalité.

Et quand vous le souhaitez, après avoir décroisé vos mains, vous pouvez vous asseoir dans votre position de confort. Pause d'assimilation.

En posture de relaxation active, vous allez, maintenant, pratiquer une activation vitale. Pour cela, à l'inspiration, vous mobiliserez la chaleur de votre corps, douce activation de l'énergie, dilatation des vaisseaux, et à l'expiration, activation, augmentation de la chaleur, de la circulation dans tout votre corps. Vous soufflez. Inspirez doucement la chaleur, l'énergie, la force vitale de votre circulation. Et avec une expiration, vous stimulez en renforçant la chaleur, la température, la circulation dans vos organes, dans votre cerveau, dans votre thyroïde, dans votre cœur, dans vos poumons, dans vos organes génitaux. Vous vivez en vous la stimulation de vos organes et, avec votre respiration, vous faites diffuser dans tout votre corps.

Et fort de l'activation de toute l'énergie de votre corps, je vous invite à accueillir une situation spécialement plaisante, vous laissez s'installer tous les détails que cette situation produit. Vous laissez venir tout le confort dans chacune des régions de votre corps, tout le bien-être de cette situation qui se vit dans tout votre corps. Prenez tout votre temps pour bien le vivre, vous allez accueillir en vous votre geste, un geste simple que vous pouvez faire, peut être avec votre main ou votre pied, ou tout autre endroit de votre corps particulièrement confortable, et tout en vivant cette situation plaisante, positive, vous laissez doucement ce geste se faire en vous, se fixer. Laissez votre conscience s'inscrire dans ce geste et avec lui toutes les sensations agréables. La situation vient se vivre au niveau de votre geste, vous accueillez à cet endroit de votre corps toutes les sensations.

À chaque inspiration, vous renforcez ce bien-être. À chaque expiration, vous l'envoyez dans le geste. À chaque inspiration, vous renforcez toutes les sensations corporelles et à chaque expiration, vous venez l'offrir votre geste, qui devient votre appui.

Quand vous voulez, vous laissez partir cette situation. Vous ne gardez que votre geste qui détient en lui toute la force, toute la réussite et toute la confiance de la situation accomplie avec succès.

À l'inspiration, vous pratiquez votre geste, puis à l'expiration, vous relâchez automatiquement votre visage, vos épaules et vos bras, tout votre corps. Relaxe, lâcher prise. Plusieurs fois, si vous le voulez bien. Maintenant quand vous voulez à votre rythme, vous pouvez quitter votre geste, vous le replacez dans un champ de votre conscience où vous pourrez le rechercher quand vous le souhaiterez. Très tranquillement vous allez maintenant laisser venir une situation stressante, mais pas trop commencer, une situation qui génère en vous, un désagrément. Vous ne la laissez pas vous déborder, vous laissez venir votre geste avec son contenu positif. Faites-le en inspirant, maintenant, à l'expiration, vous relâchez automatiquement votre visage, vos épaules et vos bras, tout votre corps.

Détente. Lâcher prise. Plusieurs fois, si vous le voulez bien. La situation stressante change de visage, vous vivez ce soulagement émotionnel, vous laissez venir tous les possibles.

Refaites votre geste si besoin. Vivez de la libération de tension dans le système le plus concerné et peut-être dans les autres systèmes aussi. Votre geste vous permet aussi de laisser venir vos propres stratégies. Vivez les phénomènes. Vous posez votre acte de vie qui est de vous libérer, de vous dominer, de vous sentir fort. Votre geste vous libre de l'emprise du stress, c'est maintenant, votre geste de vie.

Prenez quelques instants pour bien vivre les messages que vous envoie votre corps. Détente de votre tête, de vos épaules, de votre thorax, tout votre corps est sans tension.

Pause de totalisation.

Vous vivez tous les moments forts de cette séance. Vous en profitez pour renforcer vos sensations de bien-être et vos trois capacités, de confiance, d'harmonie et d'espoir, de projets. Quand vous le voulez, vous pouvez pratiquer votre reprise de tension musculaire.

Vous faites trois respirations profondes, douce reprise de tension musculaire au niveau de vos pieds, de vos jambes, de votre bassin. Douce reprise de tension au niveau du ventre de votre anneau lombaire. Douce reprise de tension au niveau de votre thorax, de la face interne de vos bras. Douce reprise de tension au niveau de vos bras, de votre cou, de votre nuque. Au niveau de votre visage, vous pouvez vous étirer, bailler et à votre rythme, ouvrir les yeux.

Addicition au sport et a l'exercice physique

A) VOUS ETES UN ADEPTE FORCENE DU SPORT ?

Épidémiologie

15 % des hommes pratiquant plus de huit heures de sport par semaine ont testé des drogues dures, contre 10 % des Français du même sexe.

Pour les femmes, ce chiffre est de 16 % contre 6 %.

Généralité

Extrait d'un article paru dans le Sport et Vie n°87 : « Une heure de vélo ou de course à pied aurait le même effet sur le cerveau humain qu'un joint de marijuana. Cette découverte d'un groupe de chercheurs américains relance toutes les supputations sur la dépendance au sport. Ce ne serait plus une question d'endorphines mais de cannabinoïdes » !

Parmi toutes les choses fascinantes qui concernent le corps humain, se trouve le fait que nous sommes capables de produire nous-même un grand nombre de drogues. Ainsi, en 1974, le monde scientifique révélait l'existence d'une production endogène de morphine dans le cerveau. « Endogène » signifie que le processus se passe à l'intérieur même de l'organisme. Nous sommes donc capables de secréter naturellement une substance qui annihile la souffrance, exactement comme les drogues « exogènes » tirées de l'opium. On a baptisé ces substances « endomorphines » (pour morphine endogène) puis « endorphines » par souci de simplification. On s'est aperçu ensuite que le corps humain était aussi capable de produire des tranquillisants comparables aux benzodiazépines et d'autres substances apparentées aux drogues comme la cocaïne ou même le cannabis. En résumé, le cerveau humain dispose d'une incroyable pharmacie destinée à le soigner, voire à le « shooter » !

Le comportement addictif, chez le sportif, comme pour toute autre addiction, débuterait par une pratique sportive excessive. Pratique abusive qui va faire s'installer, à cause de la sécrétion d'endorphine[4], une envie incoercible de s'adonner à la culture physique.

Quelques sportifs sont sujets à troubles obsessionnels compulsifs ou TOC. Cela se traduit notamment par la répétition obsessionnelle et/ou compulsive, des mouvements du corp pendant l'effort et à la ritualisation des exercices.

---

[4] Endomorphine ou Endorphine : peptide sécrété par l'hypothalamus et doué de propriétés antalgiques analogues à celles de la morphine.

Le processuce de mutation corporelle et la quête permanente d'un idéal de perfection entraîne, fréquemment, le sportif à aller au delà de ses limites.

C'est cette répétition des entrainements qui donne matière au corps à s'accoutumer et à devenir dépendant des mouvements. Ces usagés de l'extrême ont ce besoin inextricable de compenser, soit un néant d'intention, soit un désert affectif par le sport. Chez certains sportifs de haut niveau, l'activité physique à répétition « empêcherait la pensée douloureuse ». Pour une partie de sportifs de haut niveau, le sport interviendrait de la même manière qu'un stupéfiant comme remède à la souffrance corporelle ou psychique. Ainsi, le sport, pratiqué au quotidien de manière répétitive, empêcherait la « pensée douloureuse » et l'anesthésierait comme peut le faire l'héroïne.

Critères de la dépendance

– réduction du répertoire des exercices physiques conduisant à une activité physique stéréotypée, pratiquée au moins une fois par jour,

– l'activité physique est plus investie que tout autre,

– augmentation de la tolérance de l'intensité de l'exercice, d'année en année,

– symptômes de sevrage avec tristesse lors de l'arrêt (volontaire ou contraint) de l'exercice physique,

– atténuation ou disparition des symptômes de sevrage à la reprise de l'exercice.

– perception subjective d'un besoin compulsif d'exercice,

– réinstallation rapide de l'activité compulsive après une période d'interruption,

– poursuite de l'exercice physique intense en dépit de maladies physiques graves causées, aggravées ou prolongées par le sport. Négligence des avis contraires donnés par les médecins ou les entraîneurs,

– difficultés ou conflits avec la famille, les amis ou l'employeur liés à l'activité sportive,

– le sujet s'oblige à perdre du poids en suivant un régime, pour améliorer ses performances.

(Source : psydoc-fr).

B) METHODE PROPOSEE :

Dans votre position assise de confort, vous fermez les yeux pour mieux vous isolez du monde extérieur.

Avec vos yeux fermés, votre corps relâché, vous prenez conscience de la forme de votre tête. Vous relâchez, tous les muscles de votre visage, de votre front, de vos yeux, de vos joues, de vos lèvres, de votre bouche, de votre menton.

Vos mains se relâchent complètement. Relâchement des muscles de votre nuque et de votre cou. Conscience de la forme de vos épaules, de vos bras sans tension, vos mains se relâchent complètement.

Relâchement de votre thorax, toute votre paroi thoracique se détend pour laisser plus de place à votre cœur, à vos poumons en train de se détendre. Détente qui se prolonge de vos bras, jusqu'à la paume de vos mains.

Conscience de la forme de votre abdomen, de sa respiration calme et naturelle. De votre dos relâché.

Relâchez maintenant le bas de votre corps, votre bassin, votre périnée (pour les femmes), vos fessiers.

Vos pieds sont bien en contact avec le sol. Vous approfondissez la détente de tout votre corps en relâchant tous les muscles de votre colonne vertébrale. Cet arbre de vie qui vous relie à toutes les régions de votre corps. Vous vous laissez aller très profondément.

Vous pouvez, maintenant, vous préparer à vivre la posture de relaxation active, plus en avant sur votre chaise, votre dos bien droit, vos mains sur vos cuisses pour bien vivre la présence de votre corps dans cette posture. Inspiration, rétention, tension douce de votre corps dans la posture, expulsion de l'air, récupération. Vous allez maintenant pratiquer le déplacement du négatif sur l'ensemble de votre corps. Je vous indique comment le pratiquer. Après avoir inspiré de l'air, en rétention, vous effectuerez une tension douce à chaque système, en essayant de percevoir les zones d'inconfort, de crispation, et à l'expiration, vous expulserez tout le négatif de cette zone. Dans les expirations qui suivent, vous renforcerez cette expulsion du négatif. Si vous le voulez bien, vous soufflez, inspiration vous montez vos bras à la verticale, doigts entrecroisés, paumes vers le ciel, rétention d'air et tension douce jusqu'à la résistance confortable, expulsion. Vous amenez, tout doucement, vos mains devant votre front, vous posez délicatement vos mains sur votre front, légère tension et déplacement du négatif.

Vos mains vont descendre sur votre thyroïde, expulsion du négatif.

Vous amenez vos mains sur votre sternum, prise de conscience après une légère tension et un déplacement du négatif.

Votre ombilic, prise de conscience, tension douce et déplacement du négatif.

Votre bas-ventre, expulsion du négatif. Pour terminer ce déplacement du négatif, vous allez le pratiquer sur tout votre corps.

Pour cela, vous mettez vos mains, doigts croisés derrière votre nuque, vous effectuerez une tension douce de tout votre corps en arc de cercle, en arrière, en appuyant bien sur vos talons, pour bien prendre conscience de votre corps dans sa totalité.

Et quand vous le souhaitez, après avoir décroisé les mains, vous pouvez vous asseoir dans votre position de confort. Pause d'assimilation.

Maintenant, peut-être vous est-il possible de retrouver un moment de votre vie particulièrement plaisant, libre, sans sport. Peut-être avec votre (vos) enfant(s), au restaurant, aux musées, à un concert, ou toutes autres situations positives, sans culture physique ou pulsion d'aucune sorte. Votre situation positive vous envahie d'un bonheur intense. Vous pénétrez peu à peu dans votre monde intérieur, dans votre conscience, dans votre corps pour y découvrir un bonheur, vrai, intense. Vous entrez en vous, dans la profondeur de votre être car c'est là que se trouve la source essentielle du bonheur pur. Imprégnez vous de cette satisfaction qu'est vivre, sans dépendance, en toute liberté. Laissez les phénomènes vous gagner, sans les juger. Sentez comme il est bon de lâcher prise. Repensez à ses instants de vie qui vous ont plaisamment marqués. C'est très bien. Continuez à votre rythme. Vous allez pouvoir conserver vos sensations le temps qu'il vous plaira. Plus vous pratiquerez cette méthode, plus les sensations arriveront rapidement et elles pourront se vivre en vous beaucoup plus longtemps.

Quand vous le voudrez, vous pourrez vous préparer à remonter au niveau habituel de vigilance, à retrouver votre tonus musculaire. Tranquillement, doucement, en respirant profondément une 1re fois, puis une 2e fois, en remuant vos orteils, vos jambes. Respirez profondément une 3e fois. Remuez vos bras, vos poignés. Etirez-vous. Serrez vos poings si vous en avez envie. Grimacez. Prenez la position qui vous fait plaisir. Baillez et quand vous le voudrez, ouvrez les yeux, lentement, sur la beauté du monde qui vous entoure.

L'assuétude sexuelle

A) VOUS ETES PRISONNIER DU SEXE ?

L'addiction traduit la difficulté de chacun à être autonome, à trouver un équilibre en soi, à gérer ses besoins, ses manques, ses émotions, ses pulsions… Pour les sex-addicts, c'est la sexualité qui devient aliénante, le besoin sexuel est irrépressible, irrésistible, telle une force intérieur impossible à maîtriser.

Quand la sexualité devient souffrance

Chaque personne souffrant d'addiction sexuelle est unique. Mais toutes ont un trait commun : la souffrance. Les sex-addicts sont soumis à la peur du manque, comme le sont les toxicomanes, peu à peu prisonniers d'un comportement qui rétrécit leur vie et les isole de leur entourage.

Ces dépendants du sexe passent par différentes étapes, au cours desquelles ils négligent de plus en plus leur famille, leurs amis, leur travail. Les contacts sexuels répétés, dénués de tout investissement affectif, les éloignent de tous ceux qui n'entrent pas dans le cycle de l'addiction. Puis, la culpabilité associée à ce comportement les incite à dissimuler à leur entourage ces pulsions, et la vie secrète prend alors le pas sur la vie publique. Lorsque cette dépendance sexuelle s'intensifie, la vie ne se résume plus qu'à l'assouvissement de ce besoin. Tout comme les toxicomanes ou les alcooliques, les sex-addicts nient leur comportement, rejetant sur les autres les difficultés qui en résultent.

Une spirale addictive

L'addiction sexuelle s'établit, en suivant un cycle de quatre phases qui s'intensifient avec chaque répétition. Les accros du sexe seraient ainsi pris dans une véritable spirale addictive.

La première phase est la phase obsessionnelle

« Le sujet addict tombe dans un état d'absorption interne dans lequel son champ mental est totalement occupé par les préoccupations sexuelles ».

La deuxième phase est celle de ritualisation

« Le sujet addict exécute certaines actions spécifiques qui précèdent le comportement sexuel. Le rituel intensifie les obsessions, augmentant la stimulation et l'excitation ».

La troisième phase est celle durant laquelle le sujet exécute l'acte sexuel précis.

Dicté par les obsessions et la ritualisation. Le sujet dépendant est alors incapable de contrôler ou d'interrompre son comportement.

Vient ensuite la phase de désespoir.

Le sujet addict se sent totalement impuissant face à son comportement.

B) METHODE PROPOSEE :

Dans votre position assise de confort, vous fermez les yeux pour mieux vous isolez du monde extérieur.

Avec vos yeux fermés, votre corps relâché, vous prenez conscience de la forme de votre tête. Vous relâchez, tous les muscles de votre visage, de votre front, de vos yeux, de vos joues, de vos lèvres, de votre bouche, de votre menton.

Vos mains se relâchent complètement. Relâchement des muscles de votre nuque et de votre cou. Conscience de la forme de vos épaules, de vos bras sans tension. Relâchement de votre thorax, toute votre paroi thoracique se détend pour laisser plus de place à votre cœur, à vos poumons en train de se détendre. Détente qui se prolonge de vos bras, jusqu'à la paume de vos mains.

Conscience de la forme de votre abdomen, de sa respiration calme et naturelle. De votre dos relâché.

Relâchez maintenant le bas de votre corps, votre bassin, votre périnée (pour les femmes), vos fessiers.

Vos pieds sont bien en contact avec le sol. Vous approfondissez la détente de tout votre corps en relâchant tous les muscles de votre colonne vertébrale. Cet arbre de vie qui vous relie à tous les systèmes de votre corps. Vous vous laissez aller très profondément.

Vous pouvez, maintenant, vous préparer à vivre la posture de relaxation active, plus en avant sur votre chaise, votre dos bien droit, vos mains sur vos cuisses pour bien vivre la présence de votre corps dans cette posture. Inspiration, rétention, tension douce de votre corps dans la posture, expulsion de l'air, récupération. Vous allez maintenant pratiquer un déplacement du négatif sur l'ensemble de votre corps. Je vous indique comment le pratiquer. Après avoir inspiré de l'air, en rétention, vous effectuerez une tension douce à chaque région de votre corps, en essayant de percevoir les zones de contraction, et à l'expiration, vous expulserez tout le négatif de cette zone. Dans les expirations qui suivent, vous renforcerez cette expulsion du négatif.

Si vous le voulez bien, vous soufflez, inspiration vous montez vos bras à la verticale, doigts entrecroisés, paumes vers le ciel, rétention d'air et tension douce jusqu'à la résistance confortable, expulsion.

Vous amenez, tout doucement, vos mains devant votre front, vous posez délicatement vos mains sur votre front, légère tension et déplacement du négatif.

Vos mains vont descendre sur votre thyroïde, expulsion du négatif, Vous amenez vos mains sur votre sternum, prise de conscience après une légère tension et un déplacement du négatif.

Votre ombilic, prise de conscience, tension douce et déplacement du négatif.

Votre bas-ventre, légère tension, expulsion du négatif.

Pour terminer ce déplacement du négatif, vous allez le pratiquer sur tout votre corps. Pour cela, vous mettez vos mains, doigts croisés derrière votre nuque, vous effectuerez une tension douce de tout le corps en arc de cercle, en arrière, en appuyant bien sur vos talons, pour bien prendre conscience de votre corps dans sa totalité. Et quand vous le souhaitez, après avoir décroisé vos mains, vous pouvez vous asseoir dans votre posture de confort au fond de votre siège. Pause d'intégration.

Maintenant, peut-être vous est-il possible de retrouver un moment de votre vie particulièrement plaisant sans pulsions sexuelles. Peut-être avec votre (vos) enfant(s), votre famille, vos amis, ou toutes autres situations positives sans pulsions.

Votre situation positive vous envahie d'une grande confiance et d'un bonheur intense quand vous êtes vous-même, quand vous vous maîtrisez, quand vous ne souffrez plus à cause de votre besoin irrépressible de sexe. Imprégnez vous de ce bonheur que vous vivez, sans pulsion sexuelle, en toute liberté. Laissez les phénomènes vivre en vous, sans les juger. Sentez comme il est bon de lâcher prise. Repensez à ses instants de vie qui vous ont plaisamment marqués. C'est très bien. Continuez à votre rythme. Vous allez pouvoir conserver vos sensations le temps qu'il vous plaira. Peut-être vont-elles augmenter encore un peu après la séance. La prochaine fois, les phénomènes seront plus rapides à venir et les sensations pourront persister beaucoup plus longtemps.

Quand vous le voudrez, vous pourrez vous préparer à remonter au niveau habituel de vigilance. À retrouver votre tonus musculaire. Tranquillement, doucement, en respirant profondément une 1re fois, puis une 2e fois, en remuant vos orteils, vos jambes. Respirez profondément une 3e fois. Remuez vos bras, vos poignés. Etirez-vous. Serrez vos poings. Grimacez, baillez et quand vous le voudrez, ouvrez les yeux, lentement, sur la beauté du monde qui vous entoure.

L'accro au travail

A) VOUS ETES UN TRAVAILLEUR ACHARNE ?

Workaholism au Etats-Unis, Karoshi (terme japonais signifiant « mort par surtravail ») au Japon, Ergomanie au Canada… l'addiction au travail est une réalité dans de nombreux pays.

Qui n'a pas déjà travaillé tard, apporté des dossiers à la maison, ou décliné un dîner entre amis pour finir un projet. Chez certains individus, le travail est marqué au fer rouge. Ils seraient de 1 à 5 % à ne pas pouvoir se passer de leur ordinateur et de leur bureau.

Généralité

Les accros, travail par besoin et non pas par devoir. Ils ont tendance à se couper totalement de leur vie sociale et familiale. Rien ne leur paraît plus important que leur travail. Au-delà de son isolement, le fanatique du travail met sa santé en danger !

Épidémiologie

On évalue, au Japon, 1 000 décès par an en conséquence direct avec l'épuisement causé par un travail acharné :

– l'accro ne compte pas le temps passé à travailler.

– il n'a plus de vie sociale, ni familiale. Son travail ne lui en laisse plus le temps.

– ses tentatives sont vaines pour arrêter de travailler.

– lorsque le manque se fait sentir, le dépendant est irritable, angoissé.

– certains spécialistes vont même jusqu'à dire que l'accro au travail et plus qu'un simple dépendant ordinaire. Il serait atteint d'une forme singulière de TOC ou Troubles obsessionnels Compulsifs.

Dépendance

Dépendance psychique : besoin incoercible de travailler.

Dépendance physique : pas de dépendance physique, mais une santé altérée par l'épuisement à la tâche.

Facteur culturel

Par exemple, au Japon, les employés sont très dévoués à leur travail.

Facteur socioprofessionnel

Certains emploies demandent une disponibilité totale. Ce qui conforte les addicts au travail.

Facteur familial

La famille pousse à se dépasser. Au début l'individu s'accroche pour satisfaire ses proches, puis ensuite il rentre dans la spirale infernale.

Facteur clinique

Pas de soirée en famille, de repas partagé, de sortie entre ami, pas de week-end, de vacances sans que l'accro ne rapporte ses dossiers et ne travail.

B) METHODE PROPOSEE :

Dans votre position assise de confort, vous fermez les yeux pour mieux vous isolez du monde extérieur (pour mieux vous concentrer sur les messages que va vous envoyez votre corps lors de la séance).

Avec les yeux fermés, le corps relâché, vous prenez conscience de la forme de votre tête.

Vous relâchez, tous les muscles de votre visage, de votre front, de vos yeux, de vos joues, de vos lèvres, de votre bouche, de votre menton. Conscience de la forme de votre 1er système sans tension.

Vos mains se relâchent complètement. Relâchement des muscles de votre nuque et de votre cou. Conscience de la forme de vos épaules, de vos bras sans tension.

Relâchement de votre thorax, toute votre paroi thoracique se détend pour laisser plus de place à votre cœur, à vos poumons en train de se détendre. Détente qui se prolonge de vos bras, jusqu'à la paume de vos mains. Conscience de la forme de vos bras jusqu'à la pulpe de vos doigts sans tension.

Conscience de la forme de votre abdomen, de sa respiration calme et naturelle. De votre dos relâché. Conscience de la forme de votre abdomen, de votre dos sans tension.

Relâchez maintenant le bas de votre corps, votre bassin, votre périnée (pour les femmes), vos fessiers. Vos pieds sont bien en contact avec le sol. Conscience de la forme de votre bassin, de vos fessiers, de vos pieds jusqu'à la pulpe de vos orteils sans tension.

Vous approfondissez la détente de tout votre corps en relâchant tous les muscles de votre colonne vertébrale. Cet arbre de vie qui vous relie à tous les systèmes de votre corps. Vous vous laissez aller très profondément. Vous pouvez, maintenant, vous préparer à vivre la posture de relaxation active, plus en avant sur votre chaise, votre dos bien droit, vos mains sur vos cuisses pour bien vivre la présence de votre corps dans cette posture. Inspiration, rétention, tension douce de votre corps dans la posture, expulsion de l'air, récupération.

Vous allez maintenant pratiquer le déplacement du négatif sur l'ensemble de votre corps. Je vous indique comment le pratiquer. Après avoir inspiré de l'air, en rétention, vous effectuerez une tension douce à chaque système, en essayant de percevoir les zones d'inconfort, de crispation, et à l'expiration, vous expulserez tout le négatif de cette zone. Dans les expirations qui suivent, vous renforcerez cette expulsion du négatif. Si vous le voulez bien, vous soufflez, inspiration vous montez vos bras à la verticale, doigts entrecroisés, paumes vers le ciel, rétention d'air et tension douce jusqu'à la résistance confortable, expulsion.

Vous amenez, tout doucement, vos mains devant votre devant votre front, vous posez délicatement vos mains sur votre front, légère tension du 1er système et déplacement du négatif.

Vos mains vont descendre sur votre thyroïde, expulsion du négatif.

Vous amenez vos mains sur votre sternum, prise de conscience après une légère tension et un déplacement du négatif.

Votre ombilic, prise de conscience, tension douce et déplacement du négatif.

Votre bas-ventre, légère tension et expulsion du négatif.

Pour terminer ce déplacement du négatif, vous allez le pratiquer sur tout votre corps. Pour cela, vous mettez vos mains, doigts croisés derrière votre nuque, vous effectuerez une tension douce de tout votre corps en arc de cercle, en arrière, en appuyant bien sur vos talons, pour bien prendre conscience de votre corps dans sa totalité. Et quand vous le souhaitez, après avoir décroisé vos mains, vous pouvez vous asseoir dans votre posture de confort, de bien-être, pour intégrer out ce que vous venez de vivre dans votre corps, dans votre conscience.

En posture de relaxation active, vous allez, maintenant, pratiquer une activation vitale. Pour cela, à l'inspiration, vous mobiliserez la chaleur de votre corps, douce activation de l'énergie, dilatation des vaisseaux, et à l'expiration, activation, augmentation de la chaleur, de la circulation dans tout votre corps. Vous soufflez. Inspirez doucement la chaleur, l'énergie, la force vitale de votre circulation. Et avec une expiration, vous stimulez en renforçant la chaleur, la température, la circulation dans vos organes, dans votre cerveau, dans votre thyroïde, dans votre cœur, dans vos poumons, dans vos organes génitaux. Vous vivez en vous la stimulation de vos organes et avec votre respiration vous faites diffuser dans tout votre corps. Et fort de l'activation de toute l'énergie de votre corps, je vous invite à accueillir une situation particulièrement agréable, sans travail et vous laissez s'installer tous les éléments que cette situation produit en vous.

Vous allez maintenant essayer de vivre l'acceptation progressive avec tout votre corps, tous vos organes. Pour cela vous allez laisser venir une situation, dans un proche avenir, une situation qui vous tient à cœur, mais qui vous préoccupe. Un événement familial, la réalisation d'un projet, une épreuve, une situation qui vous demande un effort, comme la réussite de votre projet que vous vous préparez à franchir qui est de vous détacher de votre travail pour vous consacrer plus à votre famille, vos amis, vous choisissez votre situation.

Quand vous l'avez trouvé, vous la fixez et vous allez la vivre dans une réalisation positive, un vécu positif devancé, avec la présence de tout votre corps. Vous allez situer immédiatement après cette situation, votre projet, qui vient de se dérouler agréablement ; vous vivez le bonheur de l'avoir réalisé et vous sentez votre corps quelles sont les sensations qui peuvent venir dans vos différents systèmes, vous laissez venir tous les possibles. Vous pouvez vous sentir bien, vidé, courbaturé, ou d'autres signes encore. Laissez venir tous les phénomènes de votre corps après cette situation. Plus précisément au niveau de votre front, de votre thyroïde, de votre sternum, de votre ombilic, de votre bas-ventre. Enfin vous vivez avec tout votre corps, mais aussi avec votre esprit, avec les sentiments de bonheur intense qu'engendre la réalisation positive de votre situation.

Vous vivez maintenant cette situation elle-même. Vous vous situez au début de l'épisode et vous allez laisser se dérouler l'histoire de la situation. À chaque fois que vous aurez un moment difficile, vous pourrez, soit faire un déplacement du négatif, soit laisser venir un contenu positif. N'hésitez pas, à faire trois respirations, expulsion en déplacement du négatif et en respiration synchronique. Laissez venir tous les messages que vous envoie votre corps dans cette rencontre. Vous pouvez même envisager cette situation dans les détails, vous sentez peut-être une force, un calme intérieur, une énergie qui vient de votre corps. Laissez la se produire. Vous êtes maître de vos potentiels, de vos projets, et de votre corps qui en est le support. Votre corps peut même être vécu comme un corps lumineux, un corps de vie. Prenez tout votre temps pour laisser venir tous les phénomènes. Si certains phénomènes sont délicats, vous respirez tranquillement, vous pouvez faire votre geste secours, par exemple, à expiration, relâcher votre visage, vos épaules et vos bras, et puis vous trouvez à l'intérieur de vous-même la stratégie qui vous permet de dominer ce phénomène, tant avec votre corps que vous sentez présent, fort, solide, qu'avec votre esprit. Vous trouvez en vous, une stratégie, une manière de franchir ce moment, de franchir cette difficulté. Une manière qui vienne de vous, que vous viviez pleinement dans votre corps, que vous puissiez faire pleinement passer votre corps dans cette situation.

Présence de votre corps, force vive qui soutient votre esprit. Vous vivez les stratégies qui vous apparaissent. Plus précisément au niveau de votre front, de votre thyroïde, de votre sternum, de votre ombilic, de votre bas-ventre. Vous prenez tout votre temps pour vivre les phénomènes. Pause.

Quand vous le souhaiterez, vous pratiquerez votre reprise de tension musculaire, après avoir évoqué vos trois capacités, de confiance, d'harmonie et d'espoir, de projets qui doivent êtres particulièrement présents après cette séance.

Vous faites trois respirations profondes, douce reprise de tension musculaire au niveau de vos pieds, de vos jambes, de votre bassin. Douce reprise de tension au niveau de votre ventre, de votre anneau lombaire. Douce reprise de tension au niveau de votre thorax, de la face interne de vos bras. Douce reprise de tension, de vos bras, de votre cou, de votre nuque. Au niveau de votre visage, vous pouvez vous étirer, bailler et à votre rythme, ouvrir les yeux.

Conclusion

Maintenant, à vous de jouer !

Pratiquez les séances de cet ouvrage, au minimum, une fois par jour.

Si le temps vous manques, ne faites qu'une ou deux partie de l'exercice, selon votre besoin du moment. Cela est aussi valable.

La puissance de la technique de la sophrologie, résulte dans la répétition des séances.

Dès que vous sentez la séance acquise, passer à une autre. Toutes les méthodes citées sont valables pour toutes les addictions.

Profitez de la persistance des phénomènes pour faire un cahier de dessins et/ou d'écriture. Dessinez et/ou écrivez après chaque séance, les points d'intégration. Vous serez surpris par la vitesse à laquelle vos dessins et vos observations s'enrichissent.

Il ne faut surtout pas tenter de se soigner sans être suivi médicalement.

Imprimer en France, 2008.

www.ingramcontent.com/pod-product-compliance
Lightning Source LLC
Chambersburg PA
CBHW070640041126
54327CB00009B/326
* 9 7 8 2 8 1 2 1 0 1 4 5 8 *